浙西新路盆地中生代岩浆作用与铀成矿深部动力学过程

王正其　李子颖　著

地质出版社

·北京·

内 容 提 要

本书对浙西新路盆地中生代岩浆作用及其铀成矿的深部动力学机制开展了系统研究。查明了新路盆地从超酸性火山喷发开始，直至辉绿岩侵入为止，期间经历约 40 Ma 的岩浆活动过程，形成了一套高钾钙碱性（钾玄质）－钾玄岩系列岩石组合；阐明了自白垩纪以来，新路地区具有软流圈物质持续上升、地壳厚度明显减薄、岩石圈地幔逐步抬高的壳幔演化特征；建立了中生代岩浆作用过程主量元素、微量元素和 Sr－Nd 同位素地球化学演化轨迹；提出新路盆地铀矿床成矿流体具有壳幔源区物质混合特征，酸性系列岩浆岩与火山岩型铀矿在空间上的叠置，是壳幔作用机制下系列产物的耦合，来自富集地幔的以富含 LREE 及 K、Sr 等大离子亲石元素为特征的高温"轻物质流"持续上涌及由此诱发的壳幔作用，为新路盆地岩浆活动及火山岩型铀成矿作用提供了动力。

本书对从事铀矿地质科学研究与勘查工作人员、其他资源矿产领域研究人员、相关专业研究生具有参考价值。

图书在版编目（CIP）数据

浙西新路盆地中生代岩浆作用与铀成矿深部动力学过程／王正其等著. —北京：地质出版社，2016.6

ISBN 978－7－116－08247－2

Ⅰ.①浙… Ⅱ.①王… Ⅲ.①中生代—盆地—岩浆作用—研究—浙江省②中生代—盆地—铀矿床—成矿作用—动力学—研究—浙江省 Ⅳ.①P588.11②P619.140.1

中国版本图书馆 CIP 数据核字（2016）第 054941 号

责任编辑：李　佳　白　铁　李　华
责任校对：关风云
出版发行：地质出版社
社址邮编：北京海淀区学院路 31 号，100083
电　　话：（010）66554528（邮购部）；（010）66554625（编辑室）
网　　址：http：//www.gph.com.cn
传　　真：（010）66554685
印　　刷：北京地大天成印务有限公司
开　　本：787 mm×1092 mm $\frac{1}{16}$
印　　张：9.25
字　　数：260 千字
版　　次：2016 年 6 月北京第 1 版
印　　次：2016 年 6 月北京第 1 次印刷
定　　价：30.00 元
书　　号：ISBN 978－7－116－08247－2

（如对本书有建议或意见，敬请致电本社；如本书有印装问题，本社负责调换）

前　　言

　　长期以来，关于火山岩型铀矿的铀源及流体问题存在较大争论。铀矿地质界通常以壳源铀成矿作用理论为基础，强调火山岩型铀矿成矿主要与壳内热液作用相关，铀源来自壳源岩石，不可能来自地幔。同时基于火山岩型铀矿床与富铀酸性火山岩在空间上的良好对应关系，认为两者是一种"热液蚀变导致围岩中铀活化迁移，并在适合的部位富集成矿"的"就地取材"式成矿物源关系。然而上述观点难以解释以下地质事实：具有类似地球化学组成和成因特征的火山岩带或同一火山构造单元内，铀矿床仅在某些特定构造部位发育，而且表现出与晚期岩浆产物更密切的空间关系；几乎所有的火山岩型铀矿与赋矿围岩之间均存在较大矿岩时差，铀成矿时代接近或滞后于火山构造单元内发育的辉绿岩成岩年龄；蚀变场岩石较正常未蚀变岩石的铀含量，通常是不降反升；铀矿石通常伴生大量具有幔源性质的萤石、方解石和富磷矿物等，近年来发现的众多的地球化学数据显示，很多原先认为是地壳或地壳浅层热液作用形成的铀矿床，实际上与幔源物质参与密切相关。众多学者业已认识到大陆岩石圈动力学及其演化过程对花岗质岩浆活动与内生金属成矿作用具有重要的制约作用，并将研究视角聚焦于深部壳幔作用过程与特点。那么，火山岩型铀矿与富铀火山岩体之间的空间对应关系，到底是一种"就地取材"式的成岩成矿关系，还是岩浆作用深部过程与铀成矿作用的耦合结果？诱发火山岩型铀成矿发生的动力学机制是什么？该问题已成为当前铀矿地学界倍受关注的前沿课题和争论焦点，对其展开深入探讨对热液型铀成矿理论研究与创新具有重要价值。

　　新路盆地是一个燕山期发育形成的火山断陷盆地，位于江山－绍兴深大断裂中段北侧扬子地块的南缘，是赣杭火山岩型铀成矿带的重要组成部分。作者选择新路盆地及其大桥坞矿床作为研究对象，选题新路盆地中生代岩浆作用、深部过程及铀成矿作用，针对盆地内共生发育的酸性系列岩浆岩（黄尖组火山岩、杨梅湾花岗岩、花岗斑岩）、辉绿岩和铀矿石，分别开展了岩石学、同位素定年，主量元素、微量元素和 Sr、Nd、Pb、S 同位素组成特征和岩浆作用过程的地球化学动态演化趋势特征等研究工作。旨在以热点（深源）铀成矿理论为指导，对新路盆地火山岩型铀成矿作用进行重新审视，探讨岩石圈地幔源区性质、壳幔作用过程对岩浆作用成因、成矿流体形成及其铀成矿的制约作用，为区域铀资源评价和深部铀矿找矿提供新的理论思路。

　　研究工作取得的新认识与新进展主要包括以下方面：

　　关于新路盆地火山岩形成时代归属问题存在不同的意见。本书作者开展的花岗斑岩锆石 U－Pb 法和辉绿岩 Ar－Ar 法定年结果表明，它们的成岩年龄分别为 125 ± 2 Ma、93 ± 3 Ma。综合前人取得的数据基础上，本书将新路盆地劳村组、黄尖组和寿昌组时代归属修正为早白垩世（135～117Ma），认为新路盆地从超酸性火山喷发开始，直至辉绿岩侵入为止，期间经历约 40 Ma 的岩浆活动过程，形成了一套高钾钙碱性（钾玄质）－钾玄岩

I

系列岩石组合。

首次厘定新路盆地辉绿岩为钾玄岩，认为它是板内拉张构造环境下岩石圈地幔上侵的产物。提出包括新路盆地在内的衢州地区中生代地幔具有"双层"结构，上部岩石圈地幔以钾玄岩组成为特征，下部为由钠质橄榄玄武岩系列组成的软流圈地幔，两者均具富集型地幔性质；研究表明，在中生代－新生代期间，研究区岩石圈地幔物质组成发生了重大转变，至中新世时原由钾玄岩组成的岩石圈地幔已被同样具有富集地幔性质的软流圈物质替代，从而为新路地区中生代壳幔演化及其岩浆作用深部动力学机制研究提供了重要证据。认为自中生代白垩纪以来，新路地区具有软流圈物质持续上升、地壳厚度明显减薄、岩石圈地幔埋藏位置逐步抬高的壳幔演化特征。

基本查明了新路盆地酸性系列岩浆岩成因。提出酸性系列岩浆岩成因类型既不是 I 型，也不宜称之为 S 型或 A 型，而将其归属于钾玄质岩石系列较为恰当；酸性系列岩浆岩与华夏地块在浙西北地区发育的陈蔡群片麻岩具有相似的 ε_{Nd} 值和模式年龄（T_{2DM}）等地质地球化学特征，表明其源岩物质与陈蔡群片麻岩密切相关，由此揭示了发生于 1000 ~900 Ma 时期或其后的扬子地块和华夏地块两大块体之间的陆陆碰撞，具有华夏地块向扬子地块下部俯冲的动力学特点，在碰撞拼贴之后，扬子地块在新路地区的下地壳已被华夏地块的变质基底陈蔡群替换；酸性系列岩浆岩是中生代壳幔作用的系列产物，具有来自岩石圈地幔的组分与陈蔡群熔融物质的混合特征，岩浆演化过程受到平衡部分熔融和壳幔源区混合作用共同制约。

基本确证新路盆地中生代壳幔作用过程及其系列岩浆岩形成与演化是在来自地幔的高温"轻物质流"持续上涌的动力学机制下发生的。高温"轻物质流"组成以富含轻稀土元素、大离子亲石元素（K、Sr、Ba 等）为特点，贫高场强元素和过渡元素，富集地幔形成以及高温"轻物质流"持续上涌，与起源于软流圈底部或更深部位的地幔柱构造活动相关。

在铀成矿特征与物源示踪研究基础上，初步认为大桥坞矿床早期铀成矿作用时代为 52.2 Ma 左右，以扩散渗入形式成矿为特点，晚期则表现为沿裂隙或断裂充填成矿；早期成矿流体以 H_2O 为主要溶剂，晚期成矿流体以富 F、S 为特征；H_2O 主要来源于深循环的地表水或浅层裂隙水；F、S 来自富集地幔源区；成矿流体中的铀主要来自壳幔作用源区或富集地幔。

通过综合分析提出了以下新观点：新路盆地火山岩型铀矿与酸性系列岩浆岩的关系不是"物源供给"关系，而是中生代壳幔作用机制下不同阶段系列产物在空间上的叠置与耦合；来自软流圈富集地幔或更深部位的高温"轻物质流"持续上涌及由此诱发的壳幔作用，对新路盆地中生代酸性系列岩浆活动及其铀成矿作用起着重要的控制作用，既是动力源，也是成矿流体的主要发源地。

本书研究工作开展与出版，得到了工业与信息化部国防科学局核能开发三期、国家自然科学基金（批准号：41040019）、东华理工大学放射性地质与勘探技术国防重点学科、东华理工大学资源与环境教育部重点实验室、地质学江西省重点学科、地质资源与地质工程江西省高水平学科的资助。黄志章、李秀珍两位老师在室内样品处理、单矿物分离、样品测试与数据处理等方面给予了大力指导、支持和帮助，正是他们的无私奉献，为研究工作的顺利开展创造许多有利条件。研究过程先后得到了中国核工业地质总局张金带总工程师（研究员），核工业北京地质研究院的黄净白研究员、赵凤民研究员、秦明宽研究员、范洪海研究员、欧光习研究员、韩效忠高级工程师、王明太高级工程师、马汉峰博士、郭庆银博士、张玉燕硕士等，东华理工大学地球科学学院的饶明辉教授、余达淦教授、潘家永教授、谢才富教授等，浙江省核工业 269 大队的何胜忠研究员、汤江伟研究员等众多老师、专家、同仁和朋友们的大力支持、指导、关心和帮助，在此一并致以诚挚的谢意。

由于作者水平与时间等原因，书中一定存在不成熟甚至是不正确的观点，错误在所难免，敬请读者批评指正。

目　　录

第一章 绪 论

第一节 选题依据和意义

一、选题依据

随着我国大力发展核电，对铀资源需求量势必剧增，铀矿地质工作既迎来新机遇，也面临新的挑战。已经停止勘查近 10 年的热液型铀矿，将在今后较长时期内成为铀矿地质找矿工作的重点目标和找矿对象，切入点首先是已知矿区（矿田）的扩大。衢州地区是我国重要的火山岩型铀资源供给基地，应当作为首选地区之一。

对衢州地区新路盆地大桥坞铀矿田的新一轮找矿工作，已知矿区及外围，特别是深部的找矿扩大工作是工作重点，也是工作难点。在过去相当长一段时间内，衢州地区铀矿找矿主要是以壳源再造、浅成低温的理论为指导，尽管找到若干火山岩型铀矿床，成绩显著，但无法解释最新研究发现的一些地质事实与地质数据，也与新时期成矿理论发展现状和找矿工作的要求不相适应。新一轮铀矿找矿工作着眼于寻找中大型铀矿床，只有以新的铀成矿理论作指导，才能在原有找矿成果基础上有大的突破。以热点（地幔柱）成矿理论为指导，建立并完善深源铀成矿作用机制是一个重要的研究方向，显得十分迫切。

由于地幔流体具有充足的流体来源和稳定的热源条件，使成矿系统能够长时间维持；地幔流体具有较高的溶解能力，并含有丰富的矿化剂；地幔流体在穿越地壳向上迁移的过程中，既可激发、活化地壳中的矿质，也可促进浅部流体的循环对流，萃取更多的成矿物质。地幔流体的成矿作用逐渐被广大地质工作者所重视。研究表明，大型、特大型矿床的形成，通常与壳幔作用及其幔源物质活动存在密切关系。幔源物质成矿是当前矿床学研究的前缘课题，也是地学研究的热点和争论的焦点。传统的铀矿床学和铀地球化学认为，铀元素是亲石元素、不相容元素，在漫长的地球演化历史中，铀趋向于地壳富集，热液型铀成矿作用通常发生在壳内，主要与壳内热液作用相关，成矿物质主要来源于地壳。然而越来越多的地质事实和地球化学研究成果显示，很多原先认为是地壳或地壳浅层热液作用形成的铀矿床，实际上与幔源物质及其幔、壳体系之间的作用存在重要成因关联性。

热点（地幔柱）成矿理论假说的提出，对地幔源区性质，壳幔作用过程与作用形式，以及成矿作用的研究提出了新的研究思路和课题。众多资料表明，地幔柱的表现形式之一——大陆型热点作用对铀成矿的制约问题（李子颖，2004），已经成为众多铀矿地质工作者必须面对和解决的研究命题，这也直接关系到下一步铀矿找矿工作的深入及铀矿资源的可持续发展问题。选择衢州地区中生代岩浆作用、深部过程及铀成矿作为研究内容，探讨热点（地幔柱）活动特点及对岩浆作用、成矿流体形成与铀成矿作用的制约，揭示浙江衢州地区新路盆地与火山岩相关的热液型铀成矿作用机制，既具有学科研究的前缘性，适应铀矿找矿当前形势与战略要求，也与该地区下一步深部铀矿找矿和扩大工作实际需要相一致。

二、选题意义

课题研究意义体现在：一方面，研究工作涵括岩石圈地幔物质组成及壳幔作用、热液型铀成矿作用两个理论研究热点领域，涉及岩石学、矿物学、矿床学及地球化学等学科内容与研究方法，旨在综合阐明热液型铀成矿作用机制，体现了多学科联合攻关及研究思路的先进性。通过本课题的研究，尝试将热点活动及壳幔相互作用特征与衢州地区火山岩型铀矿床成矿作用之间建立理论联系，并将研究领域由幔源流体成矿延伸至地幔源区性质对地幔流体及铀成矿的制约作用，有益于铀地球化学、铀矿床成矿作用基础理论的创新和发展。另一方面，本课题研究工作与衢州地区大桥坞铀矿田面临的深部找矿和前景扩大工作密切相关，课题研究的实施，对生产实践将起到重要的指导和促进作用；本课题研究成果对华东南地区的其他工作区热液型铀矿成因机理、铀成矿控制因素等深入研究与探讨，以及面临的找矿前景扩大工作也将起到积极的促进作用。因此，课题选题具有重要的理论意义和实践价值。

第二节　国内外研究现状

一、地幔组成、热点（地幔柱）与热液成矿作用

（一）地幔组成

地幔是地球最大的圈层，介于莫霍面与核－幔边界（古登堡面）之间，体积占地球的 83%，质量占 67%。根据 v_P 及 v_S 波速特征，可将现今地幔分为上地幔（深度约 10 ~ 400 km）、过渡带（400 ~ 670 km 范围）和下地幔（670 ~ 2900 km）3 层。地震资料显示，上地幔的上部（约 200 km 以上）又可分为坚硬的外壳（岩石圈）及下伏的部分熔融的软流圈；岩石圈地幔即指位于软流圈之上的上地幔部分。通常认为，现今地幔结构与组成是原始地幔进一步分异演化的结果。

地幔物质成分目前主要通过实验模拟、地幔岩包体和地震波数据等途径进行研究。自 20 世纪 80 年代以来，地幔地球化学研究的主要成果之一是查明了地幔组成存在垂向和侧向上的不均一性。主要依据同位素研究成果，Zindler 等（1986）提出地幔由 4 种端元组成，它们分别是亏损地幔（DMM）及高 μ 值地幔（HIMU）、富集地幔 I （EM I）、富集地幔 II （EM II）（陈俊等，2004）。所谓亏损地幔是指相对于原始地幔亏损不相容元素，反之，则为富集地幔。研究认为，地幔部分熔融及岩浆析出，或地幔交代作用，或地壳及岩石圈物质重新进入地幔对流等作用是导致地幔不均一性的重要途径（Chase，1981；Hauri et al.，1993；Michard et al.，1985；Weaver，1991；Class et al.，1993；Tatsumoto et al.，1991；Hart et al.，1988）。通常认为，海洋沉积物是 EM II 型地幔的物源组成之一，EM I 则代表陆源沉积物，源自交代的陆下岩石圈（陈俊等，2004）。洋岛玄武岩（OIB）

的同位素组成与洋脊玄武岩（MORB）之间存在明显的差异和变化是最早用来说明地幔不均一性存在的。最新研究表明，地幔同位素组成的不均一性空间尺度可以从几厘米至数千米大的规模，时间尺度可达几十亿年的尺度（Faure G，2001；Gast et al.，1964；陈俊等，2004）。

（二）热点概念和基本理论

"热点"（hotspots）概念与地幔柱（mantle plume）构造的提出基本与板块构造理论的提出同期（Davies，2005；Hofman，1982）。Wilson（1963）在研究夏威夷 - 皇帝岛火山链（洋岛玄武岩，OIB）建造向西北方向逐渐变老，并延伸几千千米的成因时，推理认为大约43 Ma以前，太平洋板块下部存在一个固定的"热点"，其中蕴含大量的、绵绵不断的热能，导致上部太平洋板块被部分熔融形成岩浆，产生大量的火山活动并形成火山岛；由于"热点"是相对固定的，而上覆太平洋板块在不停地作横向运动，致使已形成的活火山最终离开"热点"，从而形成一条沿海底扩张方向火山岩年龄逐渐变老的夏威夷火山岛链。Wilson认为热点位于一个地幔对流室的中心，在这里地幔物质的运动是缓慢的，而其上部的地幔对流较快，并有助于上覆岩石圈板块的运移。地幔柱是在研究"热点"及其形成机制基础上，由 W J Morgan 于1972年正式提出的（Davies，2005）。Morgan（1972）在定性解释 Wilson 提出的在运动板块下存在地幔热点时，认为热点起源于地幔柱构造，即海山物质的部分熔融需要大量岩石，并提出熔融点既提供了母岩物质，也提供了热；热点火山活动所需的岩浆物质来自地球深部的地幔深处（670 km），由于放射性元素分裂、释放热能导致地幔羽状物质的上升到达岩石圈底部，并侧向扩张导致上部的坚硬的岩石圈运动，中心部位由于高温地幔羽状物质对岩石圈物质的熔融而形成火山作用。

自热点概念提出以来，很多学者从不同角度对地幔柱构造进行了探讨、补充和完善。经过理论与实验模拟、地震三维层析成像探索，证实热点地区的岩浆活动不可能起源于岩石圈，而必定与岩石圈下的地幔物质上浮有关（Anderson，1975，1982）。Crough 等作了热点地区岩石圈减薄和被更热的软流圈物质取代的定量化分析，结果支持热点海隆是与岩石圈下伏地幔热柱活动有关。关于地幔柱的起源深度，尚存在不同的看法。Morgan（1972）认为起源于上、下地幔之间的不连续热边界层（670 km）。而 Deffeys 则认为地幔柱起源于下地幔。Anderson（1975）提出地幔柱起源于核幔底部的 D″，认为 D″ 从外地核那里聚集了大量的放射性元素，放射性热导致 D″ 具有高温低黏度的特征；最新研究表明内核存在差速旋转（宋晓东，1998），沿核南北向的 P 波波速较东西向速度快3%；在下地幔底部某些区域存在"超低速层"（ultra-low velocity zone，又称 D″），其厚度不到40 km，层中 P 波速度减少10%（Garnero et al.，1996）。据此分析，地核不仅具有巨量热能，而且具有旋转能（杨学祥等，1996a，1996b）；下地幔底部如此大的速度异常只能用区域性部分熔融来解释，超低速层的位置与上部的地幔柱相关（Wiliams et al.，1996）；重力分异使核幔边界（CMB）以上部分减压膨胀（吸热过程），边界以下部分增压收缩（冷却发热），一个热边界层（D）会在核幔边界之上形成，并构成核幔边界成为重要的热交换界面（Larson，1991）；这一边界层随时间的演化而变得不稳定，从而释放出由热物质组成的上升地幔柱（周琪瑶等，1998；Loper D E，1991）。日本一些学者，依据地震层析成像、超高压实验等研究，使地幔柱研究更加丰富和具体化，依据核幔边界（2900 km）、上地幔底界（670 km）、岩石圈底界（100 km），将地幔柱划分为一、二、三等3级（Maruyama et al.，1994）。牛树银等（2001，2002）提出了地幔热柱多级演化的认识，并将第三级地幔柱称之为幔枝构造；认为地幔热柱的形成和发展主要受地球各圈层温度差、压力差、黏度差、速度差等的控制，此外还受岩石圈特性、区域构造应力场的控制；不同地质时期、不同构造部位，幔枝构造发育特征有所不同。

国内外对地幔柱和热点的定义与理解不尽统一。Anderson（1975）认为地幔柱与其说是热柱，不如说它是一种化学柱；王登红等（2001）认为地幔柱为自核幔边界上升、在地幔中演化、到近地表与地壳发生壳幔相互作用的圆柱状地质体。李子颖（1999，2006）对地幔柱定义进行了概括，认为地幔柱是指储藏巨大能量的热柱和化学成分与周围有明显差别的化学柱的综合。其基本思想可归纳为，在核幔边界（CMB）或过渡层（D″）产生的热物质（地幔羽状物质）在自身浮力驱动下，呈狭窄的柱状经过地幔上升到岩石圈底部，呈盆状向上张开形成巨大的球状顶冠（头部）；侧向扩张导致上部的坚硬的岩石圈运动，中心部位由于高温地幔羽状物质对岩石圈物质的熔融而形成火山作用；地幔柱顶冠在向上接近地表处，则扩展成一个热物质的顶盘，直径约 1500 ~ 2500 km，厚达 100 ~ 200 km，因此地幔柱是由一个巨大直径的头部（即地幔柱顶冠）和一个比顶冠直径小得多的尾柱（直径几百千米）组成。地幔柱顶冠上升时会引起地壳上隆，形成大量的溢流玄武岩（Wilson，1963，1973；Morgan，1972；Anderson，1975；BurKe，1976；Maruyama，1994；Opligger，1997；邓晋福等，1994；刘从强，2004；牛树银等，1993、1996、2001；侯增谦等，1996；F. Pirajno，2000）。

地质学家通常把"热点"与"地幔柱"紧密联系起来，认为"热点"是地幔柱存在和作用的结果（Burke 等，1976）。众多文章把两者作为等同词（相同的代名词）看待，研究对象也更多集中在洋壳。李子颖（2006）对热点概念进行了拓展和延伸，赋予其深刻的地质内涵，认为热点是在地幔柱直接作用下或在其影响下较长时间多期次改造深部壳幔物质于地表的综合地质作用。同时指出热点可起源于地壳或地幔的不同深度，根据活动背景不同，将热点活动分为大洋型和大陆型热点活动，并对大陆型热点活动的特点以及形成的产物特征进行了阐述，为地幔柱构造以及热点理论的应用由海洋"走向"大陆奠定了理论基础。

通过对地幔柱构造和热点作用过程及其作用的产物特征研究、总结和概括，提出了在地表识别地幔柱构造（热点活动）存在的一系列标志。这些标志主要包括：①持续的岩浆活动形成大的火山岩省（LIP），主要以溢流玄武岩为特征。火山作用的空间范围并不大：仅限定在几十千米的"热点"上，由此推测上升通道较狭窄（几十到 100 km 宽，柱头），原因是火山作用是由减压熔融形成，减压熔融主要集中在主上升柱的中心，而板块下地幔柱物质以水平方向扩张为主，导致减压熔融有限。②热点轨迹，即火山岩年龄递变趋势。（但有的地幔柱年龄递变趋势不明显，原因决定于板块运动的速度）。③存在大规模的隆起：大约 1 km 高、1000 km 宽。隆起不是地壳加厚造成，也不可能是由岩石圈的挤压造成，最有可能是由板块下低密度物质的浮力引起。④热点活动形成的岩石通常具有较高 $^3He/^4He$ 比值。⑤大陆型热点作用产物具有其独特性。由于较厚的陆壳硅铝层，当地幔柱在深部作用于壳幔边界时，一般产生熔融和混熔，并在热动力作用下出露地表，多产生构造伸展、多期次成分复杂的岩浆活动和火山作用、流体活动和热泉等，且岩浆活动多以酸性组分为主。热点活动在浅部地壳或地表是以构造、岩浆、沉积、变质和成矿等地质作用的强度来体现，其变化主要取决于热点活动的强弱和发展演化阶段的不同，在热点活动的初期和活动强度较弱的热点之上，主要表现为穹隆和穹隆深部的侵入作用；热点活动的中期和活动强烈的热点之上，可能表现为具有强烈的火山活动；在热点活动的晚期，则可能主要表现为热流体的活动。

（三）热点活动与热液成矿作用

以地球系统科学和大陆动力学等新的地学理论为指导，将成矿作用与深部地质作用过程联系起来，从壳幔相互作用过程中物质和能量迁移、交换的角度去探讨成矿作用机制，用壳幔系统演化过程所控制的成矿地质环境演变来阐明成矿时空规律，在此基础上建立壳幔相互作用与成矿过程的框架模型，以指导对大型矿集区的寻找，已成为现代成矿学和矿床地质学发展的一种重要趋势。

板块构造理论研究对象是地球岩石圈构造，主要讨论发生在岩石圈板块水平运动及其边缘区域的地质作用和过程；热点是地幔柱在地表的体现，是地球深部物质垂直运动的结果，地幔柱－热点活动理论重视对地球深部构造与物质垂向运动的研究，在某种程度上有效解决了板块驱动力和板块内部地质问题，两个理论体系的结合可以更好地理解地球的演化过程以及地质作用与成矿作用的规律，地幔柱构造及热点活动在壳幔系统演化过程起着主要的纽带作用。因此，地幔柱构造和热点作用理论已引起众多矿床学家的兴趣和关注，对矿床学研究带来了深刻的影响，也对内生成矿作用及其机理研究带来重要影响。矿床学家注意到，一方面热点（地幔柱）是热流与物质流的统一体，能够满足流体源、物源和热源等热液成矿的重要前提条件；另一方面热点活动是地幔流体上升的重要途径，也是地幔流体对岩石圈，乃至与地壳发生作用、形成成矿流体的重要途径，而且地幔流体属于超临界流体，具有高溶解性和高扩散系数，其运移过程中对途经岩石中的成矿元素具有独特与异常强大的萃取和运载能力。鉴于上述认识，很多矿床学家认为应该重新审视内生矿床，特别是大型和特大型内生矿床的成矿物质来源、成矿作用过程及其成矿机理等重大基础理论问题。矿床学界逐渐趋向一个较为一致的观点，即大规模岩石圈成矿事件发生，大型、特大型矿床或矿集区的形成通常与地幔流体作用相关（杜乐天，1996，2001；邓晋福，1992；刘丛强，2004；Jiang Yaohui，2002a，2002b），而地幔流体的形成和活动往往与地幔柱构造及热点作用存在密切的成因联系，热点活动被认为有可能是导致地壳大规模成矿事件发生的重要原因（李子颖，2006；牛树银等，2002）。

近年来，国外在热点活动与成矿作用研究方面取得了一定程度的进展，如 Oppliger 等（1997）提出了卡林型金矿矿集区与黄石热点存在成因联系；Isley 和 Abbott（1999）建立了地幔柱与 BIF 型铁矿之间的联系；以 Naldrett 为首的研究组在 31 届国际地质大会上系统介绍了近年来取得重大突破的 Voisey' Bay Ni－Cu－Co－PGE 矿床与地幔柱的关系。近年来，国内在成矿学方面也开始较多地运用了热点作用和地幔柱构造理论，如牛树银等（1996，2002）对华北地区地幔柱多级演化、成矿物质来源、迁移通道和聚集成矿空间、成矿规律等问题的研究；陈毓川等（1996）对于分散元素形成独立矿床（如大水沟碲金矿）的研究；王登红等（1998，1999）对于胶东和滇黔桂两大金矿矿集区及新疆北部

Cu – Ni – PGE 成矿系列的研究；谢窦克等（1996a，1996b）、李子颖等（1999）、毛景文等（1998）、华仁民等（1999）、毛建仁（1999）分别对华南中新生代大规模成矿作用的研究。刘方杰等（2000）对秦岭造山带多金属成矿作用的研究等。总体而言，积累资料并加以探索，是目前热点活动与热液成矿作用研究的主要现状。

众多研究成果表明，世界范围内很多重要的矿床或矿集区，地幔物质直接或间接参与成矿作用（刘丛强等，2004；Groves，1993；Ledair，1993；Mitchell et al.，1981；曹荣龙等，1995；孙丰月等，1995；毛景文等，1997，2000；牛树银等，2002；Rosenbaum，1996）。杜乐天（1988，1989）较早就提出幔汁"HACONS"及幔汁成矿理论，指出华东南地区分布的以赋矿围岩分类的花岗岩型、火山岩型和碳硅泥岩型等铀矿是幔汁作用的结果，碱交代作用是幔汁成矿作用的最核心机制和基本表现形式。包括我国南方一些重要铀矿区在内的世界上许多重要铀矿区，相继发现存在地幔流体及其参与铀成矿的证据（李子颖，2002；邓平等，2003；王正其等，2005）。Groves（1993）认为西澳大利亚 Yilgarn 地块太古宙金矿是来自地幔的流体携带成矿物质——金，同时壳幔混合流体从围岩中淋滤出金而形成的大型金矿床；Ledair（1993）研究表明，地幔流体在加拿大 Central Suprior 金矿成矿过程中起重要作用；孙贤术（1993）指出，地幔流体不仅为南澳大利亚奥林匹克坝 U – Cu – Au – REE 矿床提供了成矿物质，而且是成矿流体的重要来源；Mitchell 等（1981）认为南美的巴西、玻利维亚以及非洲尼日利亚的 Sn 矿带是地幔流体参与成矿的结果；曹荣龙等（1995，1996）从地质、地球化学等多方面论证了我国内蒙古白云鄂博 REE – Fe – Nb 超大型矿床的成矿元素来自地幔、成矿流体为富含深源 CO_2 – H_2S 挥发分体系的地幔流体，是一个国内外罕见的地幔流体交代矿床；孙丰月等（1995）认为幔源流体在胶东金矿成矿过程中具有重要作用，表现为该区壳源花岗岩和金矿床的形成提供了热、流体、碱质、硅质及部分金；毛景文等（1997）系统论证了湖南万古金矿床是一例以地幔流体为主形成的金矿床。此外，有证据表明，地幔流体在华南铀矿带、我国冀西北地区金银矿床、湖南柿竹园 W – Sn – Mo 多金属矿床、云南金顶 Pb – Zn 矿床、云南"三江"金矿成矿带、川滇黔 Pb – Zn 多金属成矿域、吉林夹皮沟金矿田、世界各地与碱性岩有关的金矿等成矿过程中有重要作用（刘丛强，2004）。

通过文献查阅不难发现，众多的矿床研究工作多局限于矿床成矿作用是否存在地幔流体参与，但避开或不涉及驱动与控制地幔流体上升活动的原因和机制问题。地幔柱构造、热点活动与地幔流体之间存在内在的成因联系，密不可分，热点成矿作用通常认为是通过地幔流体介质来实现的。虽说热点控制成矿作用的实例和直接证据尚有待深入探索，有理由推断热点活动对地幔流体及其热液成矿过程起着重要的制约作用。

热点活动对于成矿作用的影响是个复杂的过程，但意义重大。有关学者初步讨论了热点作用/地幔柱对于热液成矿的可能制约作用。概括之，主要包括以下几个方面：①地幔柱直接提供成矿物质，并且成矿物质聚集、形成工业矿体的过程是在地幔柱自身的演化过程中完成的（王登红，2001）；②地幔柱通过热点活动提供成矿物质，但成矿物质的聚集是在热点活动导致的火山岩喷发之后或侵入岩定位之后，由各种性质的流体作用完成的；③地幔柱作用下地壳表层环境发生巨大变化而导致的成矿作用，包括生物的大规模灭绝导致有机能源矿藏的形成（王登红，1998）；④热点活动提供碱质、硅质以及成矿流体；⑤上升幔流提供成矿物质的深部来源，而幔枝构造为成矿作用提供有利的赋矿空间（牛树银等，1997，2002）；⑥热点作用发育的地质背景不同，其构造特征、形成岩浆活动产物以及矿产组合是有区别的（李子颖，1998，2006）；⑦地幔柱影响下导致原有的矿床遭受破坏。

迄今为止，矿床学家及地球化学家，已经初步建立了一套较为系统的识别地幔流体参与成矿的地质、REE 和稳定同位素地球化学证据。同时研究也表明，地幔流体的成分，在不同地区是有区别的，甚至是显著的，其形成的矿产种类、矿床组合或矿床规模等方面存在较大差异。导致这种区别的深层次原因研究目前似乎很少有人涉及，还有待于深入。

中国南方或东部的内生成矿作用，集中发生在燕山期（华仁民等，1999；胡瑞忠等，2003，2004；谢桂青等，2001；陈跃辉，1997），在很大程度上可能与地幔柱及其热点作用（谢窦克等，1996），诱发地幔物质或地幔流体活跃并参与成矿有关（李子颖等，1998，1999；毛景文等，1998，1999；王登红，1998；陶奎元等，1999；赵军红等，2001；黎盛斯，1996）。地幔柱及其热点作用导致地幔物质或地幔流体的上升，致使中生代中国东部岩石圈发生大规模减薄作用（邓晋福，1999；路凤香等，2000）。这种岩石圈物质大规模减薄、重熔和分异作用过程，导致富集某类元素或某些元素的地质体（岩浆岩体）侵入形成，由此形成某元素或某类元素的异常地球化学场；该过程可能直接导致成矿，也可能在后期的构造改造，特别是构造伸展作用下，导致地幔物质及地幔流体的进一步上升，导致途经的深部岩石中矿质元素产生进一步的活化、迁移、富集并形成成矿流体，在适合的构造部位或地球化学环境下聚集成矿。

二、与火山岩有关的热液型铀矿主要成因观点

火山岩型铀矿床因铀矿体的赋矿围岩为中－酸性火山岩或与该类型岩浆活动存在成因联系而得名。按照成矿作用分类，可归属于热液型铀矿（杜乐天，2001；李子颖，2004；黄世杰，2006）。世界范围内，火山岩型铀矿主要分布于俄罗斯和中国，在世界其他国家或地区也先后发现有该类型铀矿床。典型的火山岩型铀矿床包括俄罗斯的 Streltsovka 矿田（由 20 个矿床构成），中国的赣杭火山岩铀成矿带（如相山铀矿田，目前已发现 23 个中、小型矿床），蒙古的 Dornot 矿床，澳大利亚的 Ben Lomond 矿床，美国的 Marysvale、Mc-Dermitt 和 Thomas Range 矿床，墨西哥的 Sierra Pena Blanca 矿床，秘鲁的 Macusani 矿床等（Georges Aniel et al.，1991；IAEA－NET，1994；Cunningham et al.，1998；Castor et al.，2000）。前 3 个铀矿田（成矿带）是世界范围内该类型铀资源量的主要聚集地，也是该类型铀资源的主要产出地（IAEA－NET，1994；Aliouka Chabiron et al.，2003）。其中 Streltsovka 矿田铀矿找矿工作已深达 2600 m，控制的金属铀达 183200 t（品位大于 0.2%，RAR＋EAR－I，成本低于 130 美元/kg·U），位居世界第一。火山岩型铀矿在我国铀矿资源中占居重要的主导地位。

中国与俄罗斯对火山岩型铀矿的找矿工作与研究工作最为深入，找矿成果与研究认识也最为突出。在找矿深度方面，俄罗斯的斯特列措夫铀矿床矿化垂幅达 2000 多米，乌克兰的米丘林钠交代铀矿床矿化垂幅达 1000 多米，我国诸广的棉花坑铀矿床矿化垂幅 1000 m 尚未封底，相山的邹家山铀矿床矿化垂幅 700～800 m 也未封底，且铀矿石品位存在越深越富的趋势。

长期以来，铀矿地质界因循一些观念，即火山岩型和花岗岩型铀矿床是浅成低温矿

床，铀源来自储矿围岩，储矿围岩形成于造山环境、具有地壳同熔的特征，成矿期处于引张开放的构造环境。所以，在成矿理论和成矿模式上侧重于浅源浅成理论体系，地热体系的中低温浅成脉状矿床也成了该体系常用的模式。作为热液型铀矿中的一个亚类，随着找矿深度的扩大，无论从主观还是客观上，为热液型铀矿成矿理论的突破以及热液型铀矿找矿空间、找矿前景的扩大提供了前提、基础和可能。纵观国内外发表的研究报道或论文，随着研究工作的深入，如矿岩时差现象的发现、稀土元素以及同位素资料的取得和积累，与火山岩有关的热液型铀矿的找矿工作取得了重要突破和进展，亟待热液型铀成矿理论的发展。

关于火山岩型铀矿成因问题一直存在众多的学术观点。按照对成矿流体及其铀的来源问题进行归类，众多成因学说大致可归为 3 类。

1. 岩浆分异热液铀成矿观点

是在 J. 霍顿（1788）提出的岩浆热液成矿学说的基础上，将该学说在铀矿床地质研究的应用过程中逐渐建立和发展起来的，基本观点是认为充填于裂隙的矿物质是岩浆熔融体在冷却和结晶过程中，从其释放的蒸汽中凝聚和沉淀出来的。其主要依据是：①内生铀矿床多产在火山岩中或侵入岩体的内部及内外接触带附近；②成岩成矿在时间上具有连续性；③酸性和碱性火山岩或侵入岩具有较高的含铀量，能够满足铀源供给需求；④铀矿石与赋矿围岩的某些同位素成分相似。

该成矿学说与随后铀矿地质研究中发现的热液铀矿床通常存在较大的矿岩时差等地质事实相矛盾，也无法解释 H、O、C 等同位素及 REE 地球化学特征所蕴示的成矿流体性质。该学说很难说明绝大多数铀矿床的成因。

2. 壳源多元叠加铀成矿观点

属于该类铀成矿观点的学说众多，先后出现的有侧分泌成矿说（又称热水汲取成矿说，上升说）（德国，鲍维尔，1546），认为铀矿床是由大气降水下渗到地壳深部受到加热、浸取围岩中的铀并搬运到成矿地段所形成；季弗鲁瓦（1958）在侧分泌成矿说基础上提出浅成低温热液改造成矿说，指出含铀溶液是由于地热加温而形成的热水沿构造破碎带上升并自富铀围岩中汲取铀形成的；大陆风化说（又称下降说）是由法国的 M. 莫洛于 1966 年提出的，认为富铀的花岗岩或火山岩出露地表，遭受风化、剥蚀，铀在风化过程中活化转移进入地下水，沿裂隙构造向下运移，在距地表不太深的空间部位富集成矿；陈肇博（1982，1985）在研究我国相山铀矿成矿作用的基础上提出了双混合成矿说，其基本观点是强调成矿热液及成矿热液中铀都具有双重来源和混合性质，即岩浆水和岩浆热场导生出来的地下热水体系混合，原生流体的铀和从富铀地层及古老铀矿床所溶解的铀相混合。此外，还有余达淦（2001）提出的火山－斑岩成矿模式，强调岩浆体的主导作用和高温热液体的作用；杨建明（2003）提出的以次火山岩体为先导、热液柱（体）为主导所控制的地下水－火山岩成矿模式；古脉状承压热水排泄区（减压区）铀成矿说（李学礼，1979）强调大气降水、地下水表层浸取铀，深循环加热后上升至排泄区，由于降温、减压、脱气和其他水文地球化学条件变化导致铀沉淀富集成矿（周文斌，1995；孙占学，1995）。

持有上述铀成矿观点的不同理论或学说共同之处是强调构成成矿热液中铀来源于已固结的储矿火山岩、花岗岩或基底岩石（浅层，壳源），相互之间的差异主要表现在关于成矿热液中流体来源问题的观点或成矿流体主体来源不同。

3. 地幔流体深源铀成矿观点

这是 10 余年来最新发展起来的铀成矿理论，代表性理论主要有地幔流体碱交代成矿理论、热点（地幔柱）铀成矿理论。

以杜乐天（1996，2001）为代表的地幔流体碱交代铀成矿理论，其中心思想是上地幔是地球中最大的碱源、碱库；地幔与地壳中的岩浆作用、热液作用、成矿作用和大地构造作用之所以发生，根本因素在于由幔汁上涌、渗入、交代、富化所造成的溃变运动；形成铀矿床的流体来自"幔汁"（地幔流体，HACONS），幔汁在上涌、渗透过程中与途经的深部岩石发生碱交代作用，碱交代的结果是去硅、排铀，使得流体逐渐酸化及其中铀逐渐富集，因此成矿热液是幔汁的转化物，碱交代岩是矿源岩；铀主要沉淀于酸质场中，酸碱分离、先碱后酸、下碱上酸、下碱上硅、矿酸同步迁移、同步定位、同场共聚是热液铀成矿的基本规律。该成矿理论与前述铀成矿观点的不同及特色之处在于，首次将地幔流体与传统观点中的壳源成矿元素——铀成矿作用联系起来，强调成矿流体主体来自地幔，铀源来自深部。

热点（地幔柱）铀成矿理论是以李子颖为代表提出的（李子颖，1999，2005，2006）。类似的成矿理论有深部流体成矿系统（毛景文，2005）、幔枝构造成矿理论。姜耀辉等（2004）、范洪海等（2003）、黄世杰（2006）等也开展了类似的研究或论述。热点铀成矿作用认为铀成矿作用是在大陆型热点活动或其影响下产生，成矿元素铀在复杂的多期次岩浆和流体作用过程的晚期熔体或流体中富集，铀主要来自深部，铀的富集沉淀主要是成矿流体在作用于近地表时，由于物理化学条件的改变而产生，控制铀矿的核心因素是热点活动与构造作用的叠合（李子颖，2006）。姜耀辉（2004）则认为热液铀成矿与岩石圈之下存在一个富含放射性生热元素的富集圈有关，是地球内部的 U、Th 与以俯冲岩石圈板块等形式带来的挥发分和离子反应逐渐向上迁移而形成的。

热点（地幔柱）铀成矿理论与地幔流体碱交代铀成矿理论有共性之处，但其在强调地幔流体及深源成矿的同时，提出并强调地幔流体作用的驱动，成矿作用的发生与热点（地幔柱）活动相关，从更深层面来考量和探究热液铀成矿作用的机制问题，这对铀矿床学而言是一大进步，在研究思路及认识上也是一个重要创新。

需要说明的是，关于铀源及流体问题尚有较大争论（王正其等，2011，2012，2013a；陈肇博，1982；范洪海等，2003，2005；孙占学等，2001，2004），如 Chabiron A 等（2003）认为富铀的过碱性流纹岩和年龄为 150～200 Ma 的基底富铀亚碱性花岗岩是斯特列措夫破火山口中铀资源量的主要贡献者，流体来源于岩浆房释放的酸性热液（Chabiron A et al.，2003）。持有地幔流体深源铀成矿观点的学者，在强调地幔流体构成成矿热液主体的同时，更多的研究者并不排斥在成矿过程中有其他流体（包括大气降水）的参与。已有的数据表明，一些热液型铀矿床（田）常是地幔流体成矿和地下水（大气降水）深循环成矿作用等的叠加，或是不同成因流体成矿作用的组合。在同一矿田中的同一成矿系列，常具有来自不同深度、不同物源、不同热液成矿作用汇聚于同一矿化集中区，但重视热点活动及其地幔流体作用、铀的深源性无疑应该成为铀矿床学研究的一个重要发展方向。

三、新路盆地铀矿研究历史与存在问题

（一）铀矿研究历史

大桥坞铀矿区是新路盆地中主要铀矿集中发育区，处于赣杭火山岩带，球川－萧山深断裂与常山－漓渚大断裂所夹持的寿昌－梅城断陷带的西南段（华东铀矿地质志，2004），南临金衢白垩纪红盆；目前区内已发现白鹤岩（670）、大桥坞（671）、杨梅湾（621）等3个铀矿床，8个铀矿点和6个铀矿化点。

概括之，大桥坞铀矿区地质找矿与研究工作大致经历了以下4个阶段：

1958～1964年：铀矿找矿与矿床发现迅速发展阶段。1958年，三〇九队浙江队（包括一、三分队）在双桥－新路地区开展1：25000伽马普查工作时，发现了众多伽马异常，同年开展了伽马、爱曼详测和地表及浅部揭露工作；1959年浙江省第三地质队九分队进入该区开展揭露评价工作。在此工作基础上，六〇八队七队于1960～1964年分别对相关重点地段开展普查、详查和勘探工作，先后落实杨梅湾花岗岩型铀矿床（621），白鹤岩（670）和大桥坞（671）火山岩型铀矿床。该时期研究性工作基本为空白。

1976～1986年：70年代，浙江省地质系统完成了1：20万区域地质调查。核工业北京地质研究院（前北京三所）曾先后组织科研队伍，对矿田及其外围开展铀成矿规律、铀成矿条件和成矿特征等研究工作，提交的相关研究报告主要有《绍兴－江山构造带及其两侧火山岩铀矿成矿规律及预测》（北京三所，1978）、《浙江金华衢县一带中生代酸性火山岩同位素地质年龄研究》（北京三所，1977）、《南方几个火山岩铀矿床包体研究》（北京三所，1977）。此外，1982～1986年间，华东地勘局下属的"四队一所"在"赣杭构造火山岩成矿带铀成矿规律及成矿预测"项目研究中对"赣杭构造火山岩成矿带东段"进行了较系统的资料整理和分析研究，与此同时二六九大队科研队进行了"寿昌－梅城盆地铀成矿规律及成矿预测研究"工作，认为大桥坞地区铀成矿条件优越，值得进一步勘查研究。

1990～1996年：工作内容主要为重点地段的普查揭露工作。1990年，原核工业华东地质局二六九队重点对大桥坞矿区3个矿带中的I号矿带进行了系统的普查揭露，1991年落实初勘点，1991～1995年继续对I号矿带进行深部揭露工作，于1996年元月提交大桥坞矿床I号矿带铀矿普查报告。期间开展了部分研究工作，提交的研究报告包括：《浙江省衢县大桥坞矿点控矿因素及富矿条件的研究》（华东地质勘探局二六九大队，1990）、《浙江省衢县双桥断裂带基本特征及其与铀矿关系研究》（华东地质勘探局二六九大队，1993）、《浙江省衢县670地区火山构造特征及其与铀矿化的关系》（华东地质勘探局二六九大队，1993）等。90年代南京大学地球科学系的章邦桐等（1995）对研究区铀矿床的控矿特征及其成因开展了研究。在此期间，浙江省地质系统完成了1：5万区域地质调查。

2005年至今：深部铀矿成矿前景评价与找矿工作阶段。从2005年开始，浙江省核工业二六九队对大桥坞铀矿区前人铀矿找矿成果资料和成矿地质条件进行了重新认识与评价，并在大桥坞矿床部分地段开展了铀资源扩大及深部的找矿前景评价工作，于2006年发现了规模较大的铀矿体，取得了较好的找矿地质成果，目前正在铀资源扩大和落实工作中。

（二）存在的主要问题

从前述的铀矿地质研究历史不难看出，大桥坞铀矿区地质找矿工作从20世纪50年代末期开始，至今已走过了约半个世纪的历程，几上几下，历经坎坷，积累了一定程度的实际资料，也取得了丰硕的铀矿地质找矿成果。但总体而言，不论在区域上，还是垂向勘查深度上，铀矿地质找矿与勘查工作程度较低，还存在很大的找矿潜力；勘查工作多属宏观性的，除开展了区域地质调查，以及从宏观角度讨论了大桥坞矿区铀成矿基本规律、矿区主要断裂带和火山构造特征及其与铀成矿的关系外，基础地质与理论研究工作相对薄弱，矿区火山岩岩石学、岩石地球化学及其成因演化、铀矿床地球化学、成矿物质来源、铀成矿特征与成矿作用机理等方面研究工作涉入甚浅。面对现今地球学科发展趋势和新形势下的铀矿找矿工作，以下主要问题有待进一步探讨和深入研究：

（1）火山岩（次火山岩）时代、岩石地球化学、成因及其相互关系亟待系统化研究

从前述大桥坞铀矿田研究现状分析中可以看出，虽然前人对区内火山岩开展了一定的定年工作，但定年工作主要针对劳村组、黄尖组和寿昌组，且是在将劳村组、黄尖组和寿昌组等火山岩作为一个整体的基础上开展的；而对区内大量发育的石英斑岩、花岗斑岩、辉绿岩等侵入脉体基本未作系统定年工作；此外，前人很少针对区内火山岩、次火山岩开展岩石学（微观）、岩石地球化学特征和矿物学等研究工作，造成对研究区火山（岩浆）作用演化系列、成因演化过程缺乏整体性与系统性认识。系统研究大桥坞地区火山岩、次火山岩体的成因及其演化过程，对揭示衢州地区中生代壳幔作用特点、深部流体特征及其与成岩、成矿作用关系有着积极意义。

（2）铀成矿规律与控制因素研究尚待深入

前人侧重于从宏观角度对大桥坞地区铀成矿规律与控制因素开展相关的研究与探讨，多从断裂构造、火山构造等角度对区内铀矿床的定位和铀矿体空间展布的控制因素进行总结和分析，取得的成果与规律性认识，对当时的铀矿找矿工作起到了一定的指导作用。但研究工作很少涉及岩石化学、流体组成、流体地球化学、流体来源等因素对铀成矿作用和成矿过程的制约；对不同期次的铀成矿产物、不同类型铀矿化之间的相互联系没有开展系统对比，对之间的联系性、相似性和存在区别认识不够清晰；且研究工作多局限于个别矿床或矿点，缺乏整体性和系统性。显然，目前的研究程度无法满足新时期深部铀成矿前景评价和找矿工作提出的要求。深入研究大桥坞地区铀成矿规律，从赋矿围岩与围岩蚀变特点、铀矿石矿物组成、成矿流体组成与性质等角度入手，查明断裂构造、火山构造、次火山岩脉（体）及隐爆角砾岩与铀成矿作用之间内在联系，全面和系统的探讨铀成矿控制因素，对该区铀成矿作用机理研究，以及进一步开展铀矿找矿和攻深找盲工作是十分有益的。

（3）成矿物质来源及成矿作用机理研究

大桥坞铀矿田的成矿物质来源问题基本是一个研究空白，对成矿作用机理也仅开展了粗浅的分析推断。成矿流体及其性质与铀的来源问题探究直接影响铀成矿作用的方式和成矿过程，对找矿工作的指导思想与找矿思路决策也将产生重要影响。开展上述研究工作，是全面、深刻和系统认识大桥坞地区铀成矿作用规律、内在控制因素，以及正确建立铀成矿模式，开展找矿评价体系研究，并正确指导深部找矿工作的基础和前提。

（4）中生代岩石圈地幔源区特征及对铀成矿作用的制约是一个有待研究的新领域

前人研究通常以壳源铀成矿作用理论出发，强调壳源流体与壳源成矿物质在火山岩型铀矿成矿中的作用，也缺乏岩浆作用、流体作用与铀成矿的系统集成研究。最新研究已经显示，国内外一些大型、特大型矿床集中区的成矿作用通常与幔源物质或热点构造有着密切的成因联系，深源铀成矿理论也得到越来越多的证据支持。因此，有必要开展地幔流体组成、驱动机制，岩石圈地幔源区特征以及对地幔流体性质和对铀成矿的制约作用等深层次问题的研究工作。上述问题的研究，将促进深源铀成矿理论的完善与发展，对该理论在铀矿找矿工作中运用推广将起到进一步促进作用。

第三节　研究内容与研究目的

一、研究内容

1）确定大桥坞地区主要岩浆岩（包括黄尖组、花岗斑岩和基性脉岩）的形成时代。这是本课题研究工作的基础。基于前人工作成果基础上，通过本次相关年代学研究工作，厘定大桥坞地区岩浆（火山）活动时代，是探讨新路盆地中生代岩浆作用形成机制和深部壳幔作用反演的前提；有助于探讨岩石圈地幔源区性质（基性脉岩）与铀成矿之间的成因关系。

2）在岩石学特征研究基础上，对大桥坞地区中生代火成岩（含基性脉岩）开展系统的主量元素、微量元素和 Sr、Nd 同位素组成研究。目的在于阐明酸性岩浆岩的成因与演化特征，探讨岩浆作用形成机制与深部过程。

3）阐明新路地区中生代岩石圈地幔源区性质，分析岩石圈地幔与地壳的相互作用特点、过程及其动力学机制。

4）研究大桥坞铀矿区火山岩型铀矿成矿地质 – 地球化学特征。调查研究区内主要矿床、不同期次铀成矿作用及其产物的差异性和统一性，以沥青铀矿为测试对象确定铀成矿时代，以成矿期形成的萤石和黄铁矿等单矿物为主要研究对象，开展 Pb、Sr、Nd 和 H、O 等同位素组成研究。目的在于揭示不同期次成矿流体的组成与成因，探讨成矿物质来源。

5）研究新路地区岩石圈地幔源区特征、壳幔作用动力学机制与中生代岩浆作用及其铀成矿作用之间的关系，基本查明大桥坞地区火山岩型铀矿成矿主导控制因素，探讨大桥坞地区火山岩型铀矿成矿作用机制。

二、研究目的

深源（热点或地幔柱）铀成矿作用是铀矿床学研究的新领域，更期待理论创新。本课题研究选择我国重要的与火山岩相关的热液型铀矿产出基地——衢州新路盆地大桥坞铀矿区作为研究对象，选题新路盆地中生代岩浆作用、深部过程及铀成矿作用，其目的旨在以深部流体铀成矿理论为指导，对衢州地区大桥坞铀矿区的典型铀矿床成矿地质特征和成矿作用进行重新认识和审视，探讨新路地区中生代岩石圈地幔源区性质、壳幔作用特点以及对铀成矿作用的制约，深化和发展热点（地幔柱）铀成矿理论，为新路地区及赣杭带火山岩型铀资源扩大提供依据。

第四节 研究思路与研究方法

一、研究思路

以新路盆地大桥坞地区为主要调查和研究对象，以热点（深源）铀成矿理论为指导，以新路火山盆地中生代酸性火山岩、次火山岩及基性脉岩（辉绿岩）为介体，以查明岩浆演化过程地球化学动态演化为基本工作思路，研究新路地区中生代岩石圈地幔组成、源区性质以及大桥坞地区火山岩、次火山岩岩石学、岩石地球化学特征，探讨研究区岩浆作用的形成机制、成因与演化特征及其壳幔作用过程；以主要典型铀矿床为代表，从铀成矿地质特征、不同期次矿石的物质组成、矿床成矿流体组成及其地球化学特征研究为桥梁和纽带，探索成矿物质来源及铀成矿作用机理，建立壳幔作用过程、火山活动与铀成矿之间的相互制约关系。

二、研究方法

课题开展的研究方法与手段如下：

1）主要岩石（体）同位素年代学研究：鉴于新路火山盆地的劳村组和寿昌组中夹杂有较多的陆源粗碎屑物的沉积特征，年代学研究主要对象确定为黄尖组火山岩系、以及穿插其中的花岗斑岩和辉绿岩脉。测试方法为辉绿岩脉采用全岩 Ar – Ar 法测年；花岗斑岩采用单矿物锆石 U – Pb 法；黄尖组火山岩年代学研究主要是基于收集前人获取的年龄数据的基础上，进行综合分析和讨论。利用 Rb – Sr 法确定黄尖组成岩年龄的益处在于能够同时取得 $^{87}Sr/^{86}Sr$ 同位素比值，利于岩石成因与物质来源的研究和探讨。

2）岩相学研究：在野外宏观观察描述的基础上，对研究区出露的主要地层和岩体（石）开展细致的显微镜下岩相学、电子探针分析研究，包括岩石的结构构造、矿物组成与矿物种类鉴定和含量统计，岩石变形、交代、蚀变等现象的观测，以便确定岩石类型，充分提取岩石结晶演化等成因信息，并为岩石地球化学、同位素年代学和同位素地球化学研究打下坚实基础。

3）岩石化学、微量元素、同位素地球化学研究：在野外调研和室内岩相学研究基础上，分别挑选基底变质岩、黄尖组火山岩、辉绿岩、花岗斑岩及杨梅湾花岗岩的代表性样品，开展包括全岩主量元素、微量元素（含稀土元素）、全岩 Rb – Sr 和 Sm – Nd 同位素分析。岩石化学、微量元素（含稀土元素）、同位素分析相互配套。其中，主量元素分析采用湿化学方法测定，微量元素（含稀土元素）采用 ICP – MS 分析，多元同位素用 TIMS 分析。该项研究取得的分析测试结果是揭示岩石圈地幔源区性质，建立岩浆演化过程、地球化学动态演化特征，探讨岩浆作用形成机制与深部过程研究的基础资料。

4）矿石矿物组成与成矿流体地球化学研究：在野外宏观观察的基础上，分别采集研究区不同成矿期次成矿产物——铀矿石开展细致的显微镜和电子探针分析研究，包括矿石的结构构造，矿石矿物组合与矿物种类鉴定，以及矿石变形、交代、蚀变等特征的观测，以充分提取铀成矿作用等成因信息。分别选取矿前期面型蚀变产物（水云母化带）——黄铁矿、早期红化富铀矿石，晚期铀矿石中的萤石和金属矿物等单矿物作为分析测试对象，分别开展主量元素、微量元素、H、O（流体包裹体）、Sr、Nd、Pb 等同位素分析。期望通过上述分析测试及相关成果，探索成矿流体来源，建立壳幔作用及其源区性质与铀成矿之间的关系。

第五节　实物工作量

为完成上述研究内容与目的，作者分别在 2007 年和 2008 年两度到新路盆地及大桥坞地区开展了野外地质调查和样品采集工作，野外工作时间合计约 6 个月。野外调查工作内容包括新路盆地变质基底、火山岩（劳村组、黄尖组、寿昌组）、杨梅湾花岗岩体、花岗斑岩、辉绿岩等地质特征以及大桥坞矿区主要铀矿床（670 矿床、671 矿床）成矿地质特征调查等。针对野外采集的样品，进行了大量的室内显微研究和分析测试工作。工作内容主要包括显微镜下岩石学研究、单矿物分离、电子探针分析、全岩 Ar – Ar 法年龄测试和单颗粒锆石 U – Pb 法年龄测试等，此外还包括岩石和铀矿石的主量元素、微量元素、Rb – Sr、Sm – Nd 同位素和 Pb 同位素、S 同位素等测试工作。

完成的主要实物工作量列于表 1 – 1。

表 1 – 1　实物工作量一览表

工作项目	数量	备注
野外工作时间	115 天	
采集样品	97 个	
化学全分析	29 件	由核工业北京地质研究院分析测试中心完成
微量元素分析	29 件	由核工业北京地质研究院分析测试中心完成
稀土元素分析	29 件	由核工业北京地质研究院分析测试中心完成
光、薄片岩矿鉴定	59 片	东华理工大学
单矿物分离	26 件	包括萤石、黄铁矿、锆石、沥青铀矿等
电子探针分析	75（点）	东华理工大学资源与环境教育部重点实验室
Rb – Sr 同位素分析	24 件（萤石 3 件）	核工业北京地质研究院分析测试中心完成
Sm – Nd 同位素分析	21 件（萤石、黄铁矿各 3 件）	核工业北京地质研究院分析测试中心完成
Pb 同位素分析	12 件（黄铁矿 4 件）	核工业北京地质研究院分析测试中心完成
流体包裹体 H、O 同位素	2 件	中国地质科学研究院分析测试中心完成
S 同位素	9 件（黄铁矿）	东华理工大学资源与环境教育部重点实验室
锆石 U – Pb 同位素定年	1 个	核工业北京地质研究院分析测试中心完成
沥青铀矿 U – Pb 同位素定年	1 件	核工业北京地质研究院分析测试中心完成
Ar – Ar 法定年	1 件	北京大学

第二章 区域地质背景

第一节 大地构造背景与基底组成

新路火山盆地位于浙江省西部的衢州地区，是赣杭构造火山岩铀成矿带的重要组成部分。赣杭构造火山岩带主要发育在两个一级大地构造单元的接壤部位，北侧为扬子地块，南侧为华夏地块，两者以江山-绍兴深大断裂为界。江山-绍兴深大断裂带走向呈北东50°~60°，东起绍兴，横跨浙江中部至江山，向西继续延伸通过江西、湘南、粤北和桂东南，直至十万大山盆地，大致在金衢白垩纪红盆的南缘通过。就大地构造位置而言，研究区处于江山-绍兴深大断裂中段北侧，属于扬子地块的东南缘（图2-1）。

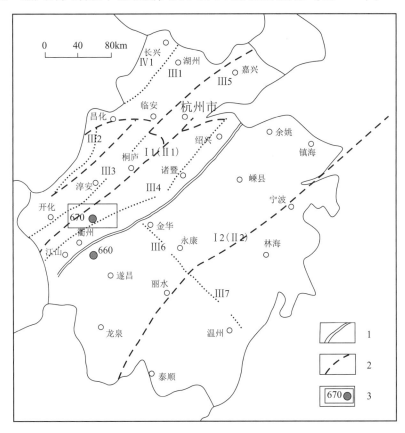

图2-1 研究区大地构造位置示意图

1—Ⅱ级构造单元分界线；2—Ⅲ级构造单元分界线；3—研究区位置及矿床编号。Ⅰ1（Ⅱ1）—扬子地块（钱塘江台褶带）；Ⅰ2（Ⅱ2）—华夏地块（浙东南褶皱带）；Ⅲ1—安吉陷褶带；Ⅲ2—中州-昌化拱褶带；Ⅲ3—华埠-新登陷褶带；Ⅲ4—常山-诸暨拱褶带；Ⅲ5—余杭-嘉兴台陷；Ⅲ6—丽水-宁波隆起；Ⅲ7—温州-临海坳陷

15

江山 - 绍兴断裂带形成于东安 - 晋宁期，具有规模大、切割深（切穿地壳），是一条以挤压破碎性质为主要特征的超岩石圈断裂带，被认为是扬子地块同华夏地块在中元古代末或新元古代的碰撞对接带。其对两侧地区的基底地层产出与分布、地质构造演化、岩浆火山作用及其特征、沉积成岩作用、变质作用、中生代金衢白垩纪盆地的形成及区内铀成矿作用具有重要的控制意义。

扬子地块基底变质岩组成，在桂北为四堡群与丹洲群，黔东为梵净山群，湖南为冷家溪群与板溪群，赣西北为九岭群与修水群，赣东北为双桥山群（包括铜厂群与登山群），皖南为上溪群，在研究区浙西北一带最古老的岩石为双溪坞群。这些岩石的变质程度较低，以绿片岩相为主，仅个别达到低角闪岩相。岩石主要包括以下 3 种类型：蛇绿岩套、岛弧火山岩、海相浊流沉积复理石建造。已有的基底年龄数据包括：桂北四堡群文通组镁铁质 - 超镁铁质火山岩的 Sm - Nd 等时线年龄为 2219 ± 111 Ma（毛景文等，1990）；赣东北蛇绿岩的 Sm - Nd 等时线年龄为 1154 ± 43 Ma（周国庆等，1990）；皖南伏川蛇绿岩的 Sm - Nd 等时线年龄为 1024 ± 24 Ma；赣东北铁罗山组火山岩的 Sm - Nd 等时线年龄为 1113 ± 53 Ma；赣北宜丰组火山岩的 Sm - Nd 等时线年龄为 1038 ± 38 Ma；江西铁砂街火山岩中单颗粒锆石的 $^{207}Pb - ^{206}Pb$ 年龄为 1196 ± 6 Ma（程海，1991）；浙江富阳章村火山岩单颗粒锆石的 $^{207}Pb - ^{206}Pb$ 年龄为 903 ~ 875 Ma；皖南井潭组火山岩的 Sm - Nd 等时线年龄为 839 ± 36 Ma。依据西裘发育的幔源岩浆上涌形成的细碧 - 角斑岩系成岩年龄 978 ± 44.4 Ma，认为浙西地区的双溪坞群是在 9 ~ 10 亿年前的新元古代形成的（Sm - Nd 等时线年龄，章邦桐等，1993）；与之相对应，在赣西北段的双桥山群，形成时代约 1113 Ma（Sm - Nd 等时线年龄，凌洪飞等，1993）。总体而言，扬子地块基底变质岩除桂北四堡群文通组为古元古代形成外，其余主要都是在中 - 新元古代时期形成的产物。

华夏地块区基底包括江绍断裂带以南诸暨 - 东阳地区及其以东的陈蔡群；浙西南地区的龙泉群与八都群；闽西北与闽西南地区的建瓯群与麻源群。它们岩石类型复杂，变质程度从低绿片岩相至中高角闪岩相，大致分为 3 种类型：一类是以斜长角闪岩为代表的变火成岩，一类是以黑云母斜长片麻岩为特征的变质沉积岩，源岩以深海相陆源碎屑沉积岩为主，还有一类是以低绿片岩相（片岩、变粒岩和石英岩等）为代表的变质沉积岩，源岩以浅海陆源碎屑岩为主，部分火山沉积岩。关于华夏地块基底变质岩原岩形成时代在不同地段尚存在较大的争议，取得的数据包括：闽西北建阳麻源群变质岩的 Sm - Nd 等时线年龄为 2116 ± 22 Ma（袁忠信，1991）；侵位于八都群的龙泉淡竹花岗闪长岩中的结晶锆石 U - Pb 年龄为 1889 ± 95 Ma（胡雄健，1992）；八都混合岩中变质成因的自形锆石 $^{207}Pb - ^{206}Pb$ 年龄为 1990 ~ 2013 Ma（胡雄健，1992）；龙泉八都群混合岩全岩 Rb - Sr 等时线年龄为 2080 ± 12 Ma（胡雄健，1991）；福建龙北溪组变质火山岩的 Sm - Nd 等时线年龄为 1598 ± 88 Ma（黄春鹏等，1992）；浙西南龙泉绿帘 - 斜长角闪岩的 Sm - Nd 等时线年龄为 1377 ± 82 Ma（胡健雄等，1991）。诸暨地区的陈蔡群原岩可能形成于 1400 ~ 900 Ma 前（徐步台等，1988），浙西南地区的陈蔡群变质岩主要分布于龙泉和遂昌地区，在金衢白垩纪盆地南缘也产出，可能主要形成于 1.4 ~ 2.0 Ga（章邦桐等，1993）。普遍的观点认为，陈蔡群的成岩时代要早于双溪坞群，以古元古代为主，中元古代为次，并可能存在新太古代岩石。

第二节　区域构造演化

关于华夏地块和扬子地块两者的构造演化特点尚存在较大的争论。许靖华（1987）认为华东南在元古宙—中三叠世为一洋盆，印支运动使洋盆封闭，扬子地块与华夏地块碰撞拼贴；水涛（1987）提出扬子地块东南缘的江南古陆与华夏古陆从晋宁期沿江山-绍兴断裂带对接碰撞，而后，两大古陆间的大洋盆地中心向西迁移，经加里东运动和华力西运动最后关闭；还有一些学者则主张早前寒武纪末华夏地块和扬子地块就属统一的陆块，至中、新元古代始裂解成一些地块及其间的裂陷槽或小洋盆。

众多学者较为一致的观点是，扬子地块和华夏地块沿江山-绍兴深大断裂带在中元古代末或新元古代碰撞对接以后，又经历了多期次的裂解与拼合，其演化过程制约了华东南地区的构造演化与地质发展历程（程裕祺，1994；陈跃辉等，1998；张祖还等，1992）。

在中元古代末或新元古代初，华东南地区发生了一次强烈的地壳运动（四堡运动、神功运动），使得华夏地块和扬子地块（沿江山-绍兴一线）逐步接近，最后导致碰撞和拼贴，两大地块联结成陆，但联而不合，尚未焊合为统一的大陆。四堡群、冷家溪群、双溪坞群和陈蔡群、麻源群等早-新元古界褶皱变形、变质，隆起成陆，长期露出海面或呈被海水分隔的岛屿状。发生在 1000~900 Ma 期间的晋宁运动，导致华夏地块向北方向持续推移、俯冲，使扬子地块东南缘全面褶皱抬升成陆，并与华夏地块沿江山-绍兴一带拼贴、增生，导致华南多岛洋最终关闭。在碰撞拼贴过程中，幔源岩浆上涌，形成浙西北双溪坞群细碧角斑岩系以及江山-绍兴断裂带中的超镁铁质岩等。

继晋宁运动导致两大块体碰撞对接之后，两地块紧接着沿碰撞带产生了一次明显的拉张裂陷（有学者认为与全球性的 Rodinia 超大陆的裂解作用相关），裂陷的结果，形成分布于两块体之间的闽赣粤海盆地和湘桂海盆地，扬子地块南缘接受新元古代沉积（虹赤村组等）和形成双峰式火山岩（上墅组、井潭组等）。

约在 800 Ma 左右，区域上再一次发生强烈挤压造山运动（晋宁运动末期或雪峰运动），这是两大块体发展历史上的一次重大转折，陆壳基底快速上升，由此全面结束了扬子地块及华夏地块裂解作用，并将两大地块再次联合成古陆，扬子地块进入准稳定的地台发展阶段，而华夏地块仍隆起为陆状态。

震旦纪之后，区域上又经历了加里东运动、华力西运动和印支运动等多次造山作用和两块体之间的地壳拉张作用，接受了震旦系至古生界不同类型的沉积建造。其中加里东运动使扬子地块从准稳定地台进入稳定的地台发展阶段，并使华夏地块和扬子地块完全拼接，结束了两大地块南北分裂的历史，由此基本进入稳定板内构造环境演化阶段，同时在扬子地块南缘造成的北东向隆起和坳陷宽缓的基底上，形成了北东-南西方向的陆间断拗海盆。发生于中三叠世末期的印支运动是继加里东运动之后对华东南地区产生重大影响的又一次构造运动。印支运动导致晚三叠世之前的地层全面褶皱、隆起成陆，并从此结束华东南地区海相沉积历史，华夏地块和扬子地块完全拼贴成为一体，共同进入陆相沉积发育阶段。

燕山运动是两大地块完全拼贴并进入内陆构造演化阶段之后遭受的一次影响深远的构造运动，是继印支造山运动之后的区域构造应力场力学机制的一次转化，对区域热液型铀及多金属成矿作用的发生、发育有着重大意义。其中，燕山早期构造运动相对宁静，主体以断块活动为特征；燕山中期区域上处于强烈拉张构造环境，伴随大规模的火山喷发和多期次的花岗岩浆侵入活动，在浙、闽、赣及粤一带形成了一条宽缓的岩浆岩带，赣杭构造火山岩带就是在该时期形成的；在衢州地区也形成了包括新路盆地在内的多个火山断陷盆地。燕山晚期，岩浆活动趋弱，但构造体制基本继承了早白垩世的构造体系，持续地拉张形成了金衢盆地、浦江盆地等主要为红色碎屑岩充填的沉积断陷盆地。

随着燕山运动的全面结束，喜马拉雅期江山 - 绍兴断裂的伸展拉张作用渐趋终止，转变为以地壳抬升为主。在区域引张及深大断裂的复活等多因素作用下，在金衢沉积断陷盆地的龙游虎头山和建德梓洲一带有少量超基性岩浆的侵入。

第三节　新路盆地地质特征

新路盆地位于金衢白垩纪沉积断陷盆地的北侧，是一个燕山期拉张构造背景下发育形成的火山断陷盆地，呈北东向椭圆形，面积 41.67 km²。在大地构造位置上，新路盆地归属扬子地块（图 2 - 1），受球川 - 萧山深断裂与常山 - 漓渚大断裂所夹持的寿昌 - 梅城火山喷发带控制（华东铀矿地质志，2004）；盆地基底为前震旦系—下古生界的浅海、滨海相碎屑岩建造、含碳硅质岩建造和碳酸盐岩建造；其中前震旦系主要由双溪坞群构成，为一套区域浅变质岩系，岩性为浅变质砂岩、板岩和千枚岩。

新路火山断陷盆地盖层由劳村组（K_1l）、黄尖组（K_1h）和寿昌组（K_1s）组成；其中劳村组由两个岩性段构成，下段为紫红色砂砾岩、砾岩；上段紫红色砂岩与粉砂岩互层，夹流纹质凝灰岩、凝灰质砂岩。黄尖组也可分为两段，下段为流纹质晶屑凝灰岩、熔结凝灰岩夹火山角砾岩、含砾沉凝灰岩、凝灰质砂岩、粉砂岩；上段为流纹质含砾熔结凝灰岩夹凝灰岩、凝灰质砂岩。寿昌组以杂色沉凝灰岩、凝灰质砂岩、泥岩为主夹流纹岩。地层之间呈平行或角度不整合接触，总厚度约 300～600 m 不等。

关于上述新路火山盆地盖层的时代归属问题存在较大的分歧意见。归纳之，有两种主要意见：一种认为其是 J_3 - K_1 的产物，另一种则认为发育时代应属晚侏罗世。本书在综合考量和分析前人资料与认识的基础上，视劳村组、黄尖组和寿昌组为一个岩浆作用过程的统一体，并将其归之于早白垩世时代的产物。详细讨论见本书第三章。

新路火山盆地大约从 135 Ma 左右开始火山喷发，到 93 Ma ± 辉绿岩的侵入标志着盆地岩浆活动的基本结束，岩浆作用大约持续了近 40 Ma 左右。结合前人研究表明，区内岩浆活动主要为一套高钾钙碱性系列流纹质火山岩 - 英安质火山岩 - 辉绿岩（玄武岩）组合。大规模的火山活动主要集中在 135～121 Ma 期间，相继形成了劳村组、黄尖组和寿昌组。在燕山晚期发育一次花岗岩体侵入活动，形成了如杨梅湾、白菊花尖等粗粒、中 - 细粒花岗岩，其岩性与相应的火山岩有一定的关联性。此外，新路盆地尚发育较多形态不规则的花岗斑岩、石英斑岩和少量的辉绿岩脉等，其中花岗斑岩、石英斑岩主要沿火山机构及环状断裂呈岩枝、岩脉、岩瘤或岩筒状侵入其中，产状多呈半环状或呈北东向展布，脉体宽度 5～20 m 不等，局限分布于双桥断裂、东湾 - 白鹤村断裂之间（图 2 - 2）；基性辉绿岩脉则沿北西向断裂侵入，走向约 310°～330°，以姜孟 - 曹上辉绿岩脉规模最大。

研究区主要发育北东、北西向断裂构造及多个小型火山机构。北东向断裂主要有双桥

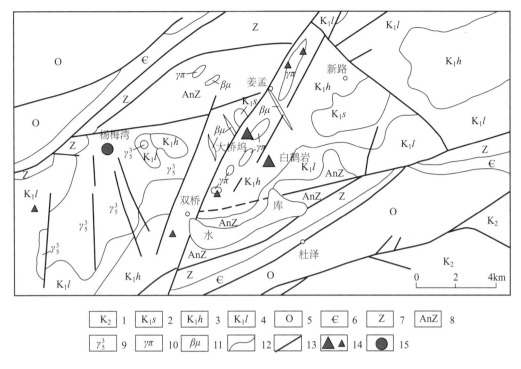

图 2 - 2　衢州地区新路盆地地质图

(据核工业二六九队，2006，有修改)

1—白垩系；2—寿昌组；3—黄尖组；4—劳村组；5—奥陶系；6—寒武系；7—震旦系；8—前震旦系；9—燕山晚
期花岗岩；10—花岗斑岩；11—辉绿岩；12—地质界线；13—断裂构造；14—火山岩型铀矿；15—花岗岩型铀矿

断裂（又称破村 - 姜孟断裂）、东湾 - 白鹤村断裂，纵贯全区（图 2 - 2），此外还有龙口坑断裂；上述断裂之间相隔 1.5 km 左右，呈 25° ~ 32° 方向近平行排列。北西向断裂主要为曹上 - 姜孟断裂（为辉绿岩充填）和下源口 - 破村断裂。小型火山机构主要有蒙山、大桥坞、牛兰坞等火山口、破火山口或爆发角砾岩筒，这些小型火山机构通常为花岗斑岩、石英斑岩所充填，边缘可见爆发角砾岩（毛孟才，2003，2006；陈爱群，1997；周家志，2000）。

目前，在新路盆地已探明或发现的铀矿床、矿点主要分布于大桥坞一带（图 2 - 2），包括白鹤岩（670）矿床、大桥坞（671）、杨梅湾（621）等 3 个铀矿床，此外还发现了 8 个铀矿点和 6 个铀矿化点（华东地质勘探局二六九队，1990，1991，1993；核工业地质局，2004）。其中 670 矿床、671 矿床和东湾矿点主要产于双桥断裂的东侧（上盘），黄尖组的流纹质含砾晶屑凝灰岩、熔结凝灰岩，以及沿环状断裂侵入的花岗斑岩小岩体构成铀矿化的主要赋矿围岩；621 矿床分布于杨梅湾花岗岩体的北缘，铀矿床产于侵入于下白垩统黄尖组（K_1h）与花岗岩体接触带内侧。铀矿体发育与北西向断裂构造关系密切，矿体或产于北西向断裂构造及其次级裂隙带、层间破碎带、火山塌陷的环状断裂、放射状断裂及隐爆角砾岩筒内，或产于断裂构造与花岗斑岩交汇部位的内外接触带，或产于花岗岩体的内接触带（杨梅湾矿床）。

第四节 区域莫霍面分布特征

重力异常是深部构造（主要是莫霍面的起伏变化）和地壳上部构造岩浆活动的综合反映。区域布伽重力异常等值线图（图2-3）表明，衢州-金华-诸暨一线，布伽重力异常值较高，大于 $-30 \times 10^{-5} \mathrm{m/s^2}$，其南北两侧各存在一条北东向的梯级带，南侧沿江山-金华一带，近东西向或北东东向延伸，布伽异常值从 $-20 \times 10^{-5} \sim -40 \times 10^{-5} \mathrm{m/s^2}$，梯级差20

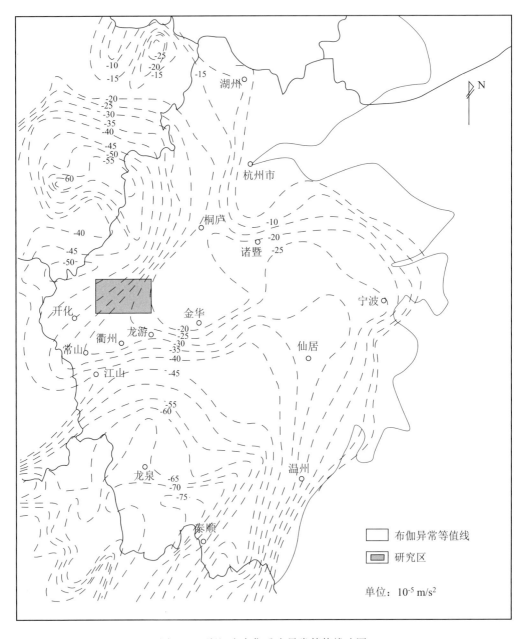

图2-3 浙江省布伽重力异常等值线略图

$\times 10^{-5} \mathrm{m/s}^2$。北侧沿常山－桐庐一带，呈北东向展布，由南东向北西方向，布伽异常值从 $-20 \times 10^{-5} \sim -45 \times 10^{-5} \mathrm{m/s}^2$，梯级差 $25 \times 10^{-5} \mathrm{m/s}^2$。上述特征说明衢州白垩纪盆地南北两侧地壳厚度及莫霍面埋藏深度具有明显的梯级变化现象。

1979 年，浙江省物化探勘查院（前身为物化探大队）根据浙江省 72 个实测重力基点值编制了莫霍面等深度图。1982 年又依据 40 km×40 km 的平均布格异常值和永平爆破北东测线的观测资料，计算并编绘了全省莫霍面埋深图。1992 年又结合中科院屯溪－温州爆破地震剖面最新成果，并依据区域重力资料再次解算了浙江省莫霍面的埋深（图 2－4）。解算结果与编图显示，浙江省莫霍面总体向南西方向倾斜，地壳厚度由北东向南西逐渐从 29 km（嘉兴－宁波一带）增厚至 33 km（龙泉－泰顺一带）以上。在浙西的衢州－龙游一带较为特殊（大约与金衢盆地对应），明显存在一个幔隆区，地壳厚度小于 29 km，最薄处仅为 27 km。说明在这一构造部位的深部存在明显的软流层物质上侵。在衢州－龙游幔隆区的南、北两侧，分别向东南方向和北西方向，莫霍面深度逐渐变大，即为幔隆与幔坳的转折带。其中北侧从浙皖边界沿南西方向至衢州－龙游一带，以及东南侧

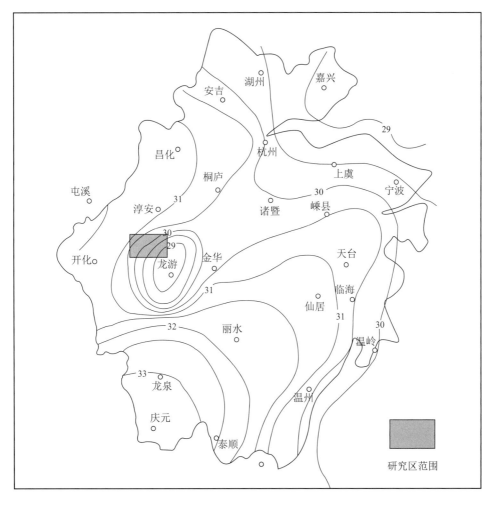

图 2－4　浙江省莫霍面等深度示意图
（据张春林等，1993）

从丽水、龙泉沿北西方向至衢州-龙游一带,地壳厚度分别逐渐由 32 km 减薄至 27 km 左右,莫霍面位置逐渐抬升。新路火山盆地和大洲火山盆地分别就位于上述地壳厚度的梯度变化带或莫霍面转折部位,说明两个盆地发育部位具有一致的莫霍面结构,暗示两者岩浆作用具有相似的深部动力学机制。

初步认为,位于金衢幔隆区北侧幔隆与幔坳转折部位与区域上对新路盆地起着重要控制作用的球川-萧山深断裂与常山-漓渚大断裂位置基本对应;研究区新路盆地及大桥坞铀矿区处于由幔坳向幔隆过渡的转折部位,显示出新路盆地中生代岩浆作用可能与地壳减薄、深部地幔物质(包括软流圈物质)上涌存在密切的成因关联性。

第三章　新路盆地岩浆岩年代学

第一节　劳村组、黄尖组和寿昌组火山岩年代学

区域上，劳村组、黄尖组、寿昌组和横山组，统称为建德群，其中前三者构成了新路火山断陷盆地的盖层。劳村组主要由一套暗紫色泥质粗砂岩、砂岩夹不稳定的流纹质凝灰岩、流纹岩和少量砾岩、黄绿色砂岩、粉砂岩组成，底部以紫红色砾岩不整合于前上侏罗统不同地层（主要为新元古界虹赤村组）之上。黄尖组为一套晶屑玻屑熔结凝灰岩、流纹质凝灰熔岩、流纹斑岩、流纹岩、凝灰岩夹灰绿、紫红色砂岩、粉砂岩、粉砂质泥岩，与下伏地层劳村组整合接触。寿昌组主要岩性为一套杂色砂岩、页岩，中－上部夹有1～2层厚度不稳定的酸性火山岩，与下伏地层黄尖组呈整合接触。

关于该套火山盆地盖层（建德群）的时代归属尚存在较大争论。大致有3种意见，①置于晚侏罗世；②置于晚侏罗世—早白垩世；③置于早白垩世。前人多采用第②种意见，即将建德群劳村组、黄尖组、寿昌组归属晚侏罗世，将横山组归属早白垩世。

《浙江省区域地质志》（1989）和《浙江省岩石地层》（1996）均将新路火山盆地盖层划归晚侏罗世（J₃）。主要依据是古生物地层工作者参照热河生物群时代而定的建德生物群时代，认为根据上述火山岩沉积岩系中古生物化石组合建立的建德生物群，与中国北方晚中生代生物群代表——热河生物群（J₃）有许多共同的生物种属，它们的形成时代大致相当。我国著名古生物学家顾知微先生在"浙江侏罗系和白垩系的研究"（1980）一文中明确指出："浙江基本同含热河化石群，并有类似的生物地层层序和沉积、构造旋回的建德群劳村组至寿昌组……，就不能不定其地质年代为晚侏罗世。"

前人对新路盆地及邻区的建德群开展了不同方法的同位素定年工作。已有的同位素年龄数据表明（表3－1）（1∶25万金华市幅区调报告，2005），建德群火山岩形成于距今约135～117 Ma之间，其中劳村组所夹的火山岩同位素年龄介于128.8～135 Ma之间（5个），平均131.6 Ma；在黄尖组火山岩中所获的同位素年龄为126～129 Ma（6个），平均127 Ma；寿昌组火山岩同位素年龄范围为117.4～124 Ma（5个），平均120.6 Ma。从所列数据不难看出，不同单位在不同时间段，对同一层位岩石采用不同同位素定年方法取得的测定结果吻合性良好，说明目前测年技术条件下获取的上述年龄结果是可信的。

北京三所（现为核工业北京地质研究院）于1977年曾专门对劳村组、黄尖组和寿昌组分别开展了K－Ar法和Rb－Sr法同位素地质年代测定工作。结果显示，劳村组、黄尖组和寿昌组的全岩K－Ar年龄值变化较大，从78～102 Ma不等，劳村组、黄尖组全岩K－Ar等时线年龄为118±8 Ma；劳村组、黄尖组和寿昌组的Rb－Sr全岩等时线年龄为132±9 Ma；劳村组的单矿物黑云母K－Ar年龄为124±6 Ma。结果认为，上述单个全岩K－Ar年龄较全岩等时线年龄普遍偏低（幅度约19%），不能代表岩石真实年龄；劳村组、黄尖组和寿昌组的Rb－Sr全岩等时线年龄（132±9 Ma），代表了上述地层形成时代的上限；劳村组

的黑云母 K – Ar 年龄 124 ± 6 Ma，以及劳村组、黄尖组 K – Ar 等时线年龄 118 ± 8 Ma，则代表了它们形成的时代下限，即新路盆地火山岩形成时限约为118 ~ 132 Ma。该结论与前述其他单位在新路盆地及邻区建德群火山岩同位素定年结果相吻合。

表 3 – 1　新路盆地及邻区幅建德群火山岩同位素年龄表

序号	采样地	层位	岩石	样品	测试方法	年龄/Ma	资料来源
1	临安平山	劳村组	膨润土	透长石	$^{40}Ar/^{39}Ar$	135 ± 1	张自超，1994
2	桐庐	劳村组	熔结凝灰岩	锆石	U – Pb	134.9	陈小明等，1999
3	建德周村	劳村组	凝灰岩	岩石 – 矿物	Rb – Sr	129.2 ± 2.9	李坤英等，1989
4	建德周村	劳村组	凝灰岩	黑云母	K – Ar	128.8 ± 3	李坤英等，1989
5	建德枣园	劳村组	熔结凝灰岩	锆石	U – Pb	130 ± 6	叶伯丹，1987
6	建德枣园	黄尖组	熔结凝灰岩	斜长石	K – Ar	127.4 ± 3	李坤英等，1989
7	建德黄尖山	黄尖组	流纹岩	黑云母	K – Ar	127.6 ± 1.4	李坤英等，1989
8	建德茶园	黄尖组	流纹岩	黑云母	K – Ar	126 ± 6	施实，1979
9	建德黄尖山	黄尖组	流纹岩	全岩	Rb – Sr	127.9 ± 4	李坤英等，1989
10	常山木杓坞	黄尖组	熔结凝灰岩	透长石	K – Ar	127 ± 4	施实，1979
11	桐庐茶叶坑	黄尖组	流纹质熔岩	全岩	Rb – Sr	129 ± 2	1：25 万区调报告
12	建德密山庙	寿昌组	流纹岩	全岩	Rb – Sr	121.7 ± 2.7	李坤英等，1989
13	建德密山庙	寿昌组	流纹岩	全岩	Rb – Sr	118 ± 4	胡华光，1982
14	建德密山庙	寿昌组	流纹岩	钾长石	$^{40}Ar/^{39}Ar$	122 ± 3	叶伯丹，1987
15	建德密山庙	寿昌组	流纹岩	锆石	U – Pb	124 ± 6	叶伯丹，1987
16	建德寿昌	寿昌组	凝灰岩	黑云母	$^{40}Ar/^{39}Ar$	117.4 ± 1.2	李坤英等，1989

按中国地质年代表（2001）早白垩世时限为 137 ~ 96 Ma，国际地层表（2002）早白垩世的时限界为 142 ~ 98.9 Ma，新路盆地及邻区的建德群火山岩同位素年龄（135 ~ 117 Ma）相当于早白垩世早 – 中期。根据上述同位素年龄资料，结合 20 世纪 90 年代以来，对热河生物群形成时代变更为早白垩世的认识（孙革，1992；顾知微，1996），本书将劳村组、黄尖组和寿昌组发育时代归属于早白垩世。

第二节　杨梅湾斑状花岗岩年代学

杨梅湾花岗岩体位于新路盆地的西南部，新路火山盆地与元古宇基底的交界部位，又称九华山岩体。与之特征相似岩体还有白菊花尖花岗岩体。初步调查认为两个岩体是多阶段侵入作用形成的杂岩体，主体为中 – 细粒斑状花岗岩。岩体大致呈岩基状侵入下白垩统黄尖组或劳村组火山岩中，北部以基底虹赤村组浅变质岩为围岩。杨梅湾和白菊花尖岩体出露面积较大，分别为 37.9 km² 和 37.1 km²，形态为不规则的椭圆形，接触面外倾，倾角在 40° ~ 60°间，与围岩接触界面呈港湾状，枝杈状，岩体内有较多的劳村组火山岩残留顶盖。

据 1：25 万金华市幅区域地质报告（2005），锆石 U – Pb 法测得该岩体的形成年龄为 122.5 Ma。

第三节　花岗斑岩年代学

研究区花岗斑岩主要在大桥坞矿区及附近地区出露。单个斑岩体规模不大，一般呈扁豆状、串珠状、不规则状的透镜状，边界形态多为港湾状，侵入于下白垩统黄尖组熔结凝灰岩和寿昌组地层中。花岗斑岩与黄尖组熔结凝灰岩的界线是清晰截然的。在空间上，花岗斑岩体往往成群成带发育，总体展布方向为北东向，与双桥断裂走向及新路盆地空间展布方向基本一致。花岗斑岩是在对大桥坞地区开展铀矿找矿及铀矿地质填图过程中发现并圈定的，在施工的绝大多数铀矿勘查钻孔中均可见到，与铀成矿关系密切。本次研究工作开展了花岗斑岩的单颗粒锆石 U – Pb 法同位素地质年龄定年工作。

定年样品取自大桥坞矿床内施工的 ZK120 – 15 孔 685 m 处的岩心。岩石呈暗红色、肉红色，新鲜未遭受风化或明显的热液蚀变作用。样品中的锆石颗粒主要呈晶形完好的柱状或短柱状，粒径通常小于 0.02 mm × 0.05 mm，90% 以上的锆石呈透明，少量为半透明状，颜色主要呈黄色 – 淡黄色；可见少量的黑色或气体包体，颗粒表面多有溶蚀现象。锆石颗粒的晶形主要为 mp、apmx、mpxa、map 等。样品测试工作由核工业北京地质研究院分析测试中心完成，测试方法依据《DZ/T0184.3 – 1997 颗粒锆石 U – Pb 同位素地质年龄测定》采用稀释法测定，测试仪器为 ISOPROBE – T 热电离质谱仪。

表 3 – 2　花岗斑岩单颗粒锆石 U – Pb 法年龄测定结果

点号	锆石质量 μg	U μg/g	Pb μg/g	普通铅量 ng	同位素原子比率					表面年龄/Ma		
					$\frac{^{206}Pb}{^{204}Pb}$	$\frac{^{208}Pb}{^{206}Pb}$	$\frac{^{206}Pb}{^{238}U}$	$\frac{^{207}Pb}{^{235}U}$	$\frac{^{207}Pb}{^{206}Pb}$	$\frac{^{206}Pb}{^{238}U}$	$\frac{^{207}Pb}{^{235}U}$	$\frac{^{207}Pb}{^{206}Pb}$
1	15	97	3	0.019	115	0.1985	0.01947	0.1304	0.04855	124	124	126
2	10	113	5	0.025	74	0.2609	0.01955	0.1305	0.04842	125	125	120
3	12	133	6	0.033	79	0.2720	0.01945	0.1303	0.04857	124	124	127
4	12	197	9	0.051	77	0.2335	0.01962	0.1322	0.04888	125	126	142

注：样品号 DQW – 17a，绝对误差小于 2σ，MSWD = 0.097。

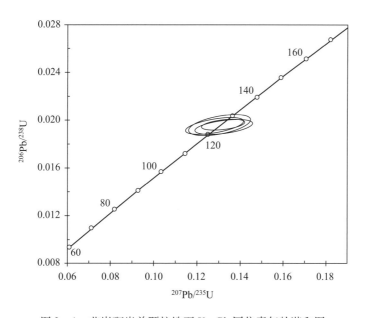

图 3 – 1　花岗斑岩单颗粒锆石 U – Pb 同位素年龄谐和图

测定结果见表 3 - 2。数据显示 1～4 点的 $^{206}Pb/^{238}U$ 的表面年龄为介于 124～125 Ma，互相之间谐和性好（图 3 - 1）。加权成岩年龄值为 125 ± 2 Ma。

与前面讨论的杨梅湾花岗岩比较，两者同位素年龄结果基本一致，估计是在相近的时期同源岩浆以不同形式侵出的产物。依据区域岩浆发育特征并结合岩体地球化学特点，本书认为花岗斑岩可能略晚于杨梅湾花岗岩成岩年龄。

第四节　辉绿岩年代学

新路火山盆地在大桥坞至方坞、明国寺和姜孟村—曹上村一带零星分布有辉绿岩脉。在空间上，辉绿岩脉穿切的最新层位或岩体包括中生界火山岩系的黄尖组（J_3h）、寿昌组（J_3s）和燕山晚期的花岗岩（γ_5^3）、花岗斑岩体（γ_5^3）等，其展布方向与新路盆地长轴方位明显不同，走向为北西向，倾向南西，倾角约为 72°左右。辉绿岩通常以单脉体形式产出，规模一般不大，长度最小者约 150 m，最长约 2.8 km 左右，宽度一般为 3～6 m 不等，其中以姜孟 - 曹上村辉绿岩脉规模为最大，最大宽度约 10 m 左右，连续长度可达 2.8 km 以上。

本次年龄测试样品采自区内规模最大的姜孟 - 曹上村辉绿岩脉，地点位于明果寺的北东侧。野外观察显示，辉绿岩呈新鲜墨绿色，致密完整，块状构造，未遭受明显的构造挤压破碎作用，也没有遭受明显的风化作用。经显微镜下研究表明，岩石除发育轻微的碳酸盐化和少量的滑石化、纤闪石化、绿泥石化外，基本未受到明显的后期热液蚀变。

辉绿岩年龄测定由北京大学造山带与地壳演化教育部重点实验室完成，测试方法为 $^{40}Ar/^{39}Ar$ 定年法，测试仪器为全自动高精度高灵敏度 $^{40}Ar/^{39}Ar$ 激光探针定年系统。样品测试过程与方法：将 0.18～0.28 mm 粒径样品用高纯铝罐包装，封闭于石英玻璃瓶中，置于中国原子能科学研究院 49 - 2 反应堆 B4 孔道进行中子辐射，照射时间为 24h10 min，快中子通量为 2.2359×10^{18}。中子通量监测样品是我国周口店 K - Ar 标准黑云母（ZBH - 25，年龄为 132.7 Ma）。同时对纯物质 CaF_2 和 K_2SO_4 进行同步照射，得到校正因子。采用聚焦激光对样品进行一次性熔融，纯化部分采用两阶段法，并进行 Ar 同位素质量歧视日常监测校正。基准线和 Ar 同位素使用电子倍增器进行循环测量，信号采集采用电流强度测量法，电子倍增器增益为 3000～4000 倍。系统在电子倍增器单位增益下的绝对灵敏度为 2.394×10^{-10} moles/nA。系统测试过程、原始数据处理、模式年龄和等时线年龄的计算均采用美国加州大学伯克利地质年代学中心 Alan L. Denio 博士编写的 "MASS SPEC（V.7.665）" 软件自动控制下完成。

表 3 - 3 列出了辉绿岩 $^{40}Ar/^{39}Ar$ 同位素数据测定结果，图 3 - 2 为辉绿岩 $^{40}Ar/^{39}Ar$ 年龄谱和等时线年龄图谱。结果表明，数据显示所有逐级加热获得的分析结果具有良好的相关性，新路盆地辉绿岩概率统计峰值年龄（89.17 Ma）与等时线年龄（93 ± 3 Ma）相近，两者的 MSWD 均理想，等时线中 $^{40}Ar/^{39}Ar$ 初始比显示没有显著的过剩 Ar。说明测试结果是可信的，辉绿岩成岩时代为 93 ± 3 Ma，属晚白垩世产物。

表 3-3 新路盆地辉绿岩激光显微探针 $^{40}Ar/^{39}Ar$ 定年测试结果

序号	年龄/Ma	±(Ma)	$^{40}Ar^*$/%	^{39}Ar(Moles)	^{40}Ar	±^{40}Ar	^{39}Ar	±^{39}Ar	^{38}Ar	±^{38}Ar	^{37}Ar	±^{37}Ar	^{36}Ar	±^{36}Ar
01	83.2	3.4	20.6	4.40×10^{-15}	2.394	0.014	0.04697	0.00043	0.002008	0.000037	0.22892	0.00149	0.006494	0.000032
02	89.6	2.6	20.1	3.58×10^{-15}	2.598	0.006	0.04603	0.00021	0.002143	0.000026	0.21836	0.00128	0.007086	0.000030
03	86.9	2.4	24.8	4.01×10^{-15}	1.895	0.006	0.04275	0.00020	0.001594	0.000022	0.18778	0.00091	0.004877	0.000026
04	84.1	3.0	19.0	3.37×10^{-15}	2.001	0.006	0.03592	0.00020	0.001672	0.000025	0.25716	0.00123	0.005555	0.000028
05	83.5	2.8	17.8	3.04×10^{-15}	1.920	0.003	0.03241	0.00010	0.001582	0.000028	0.14382	0.00086	0.005379	0.000027
06	91.4	2.5	27.1	3.58×10^{-15}	1.628	0.004	0.03824	0.00016	0.001403	0.000025	0.37416	0.00233	0.004122	0.000026
07	84.4	3.0	22.8	2.26×10^{-15}	1.125	0.002	0.02408	0.00008	0.000903	0.000023	0.10745	0.00062	0.002968	0.000025
08	86.4	6.1	11.5	1.12×10^{-15}	1.128	0.003	0.01196	0.00006	0.000819	0.000037	0.15167	0.00096	0.003420	0.000026
09	105.6	5.1	17.0	1.90×10^{-15}	1.599	0.008	0.02025	0.00012	0.001158	0.000063	0.10090	0.00077	0.004520	0.000027
10	90.1	2.1	29.0	3.49×10^{-15}	1.695	0.003	0.04310	0.00013	0.001460	0.000023	0.20559	0.00100	0.004131	0.000027
11	83.4	3.3	17.8	2.17×10^{-15}	1.376	0.002	0.02320	0.00008	0.001074	0.000028	0.09956	0.00060	0.003856	0.000027
12	85.1	6.2	13.1	1.04×10^{-15}	0.905	0.002	0.01112	0.00005	0.000668	0.000037	0.18071	0.00110	0.002713	0.000026
13	89.1	2.3	25.4	4.74×10^{-15}	2.243	0.007	0.05063	0.00022	0.002003	0.000029	0.24359	0.00148	0.005727	0.000028
14	75.8	4.4	11.7	1.85×10^{-15}	1.618	0.005	0.01979	0.00008	0.001106	0.000056	0.09517	0.00051	0.004860	0.000027
15	91.4	2.6	25.7	3.37×10^{-15}	1.614	0.005	0.03593	0.00017	0.001376	0.000023	0.16607	0.00075	0.004101	0.000026
16	88.8	2.1	25.2	5.10×10^{-15}	2.429	0.005	0.05446	0.00018	0.002057	0.000032	0.27098	0.00138	0.006228	0.000028
17	81.5	3.1	19.6	3.36×10^{-15}	1.877	0.008	0.03580	0.00020	0.001579	0.000023	0.13072	0.00085	0.005141	0.000028
18	79.3	4.6	13.7	1.56×10^{-15}	1.217	0.004	0.01668	0.00008	0.000966	0.000045	0.08066	0.00049	0.003575	0.000025
19	90.6	2.3	29.8	3.73×10^{-15}	1.529	0.004	0.03977	0.00019	0.001310	0.000026	0.18240	0.00118	0.003681	0.000026
20	91.0	3.5	19.6	2.07×10^{-15}	1.300	0.004	0.02213	0.00010	0.001057	0.000024	0.11286	0.00061	0.003569	0.000025
21	86.5	2.1	35.7	3.95×10^{-15}	1.292	0.004	0.04216	0.00019	0.001203	0.000026	0.16161	0.00109	0.002856	0.000026
22	89.4	2.7	21.3	3.48×10^{-15}	1.973	0.005	0.03715	0.00016	0.001605	0.000026	0.18107	0.00081	0.005307	0.000028

J	0.00448	39Decay	1.001029	IrrCa39/37	0.0006633	IrrCa38/37	0.00014
±J	5.48×10^{-5}	37Decay	17.7×10^{-5}	±Ca39/37	0.0003535	±Ca38/37	0
IrrCa36/37	0.0002775	IrrK38/39	0.01077	IrrK40/39	0.0039448	P36Cl/38Cl	320
±Ca36/37	0.0000253	±K38/39	0	±K40/39	0.0015421	P36Cl/38Cl	0

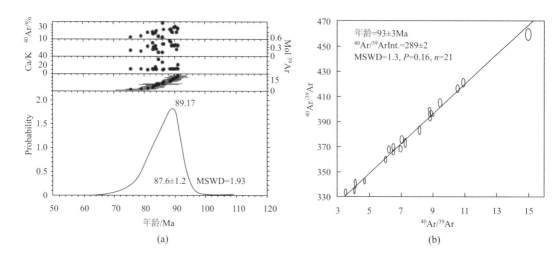

图 3 - 2 辉绿岩$^{40}Ar/^{39}Ar$年龄谱（a）及等时线年龄图（b）

第五节 超基性岩年代学

为了更全面的构建研究区中生代以来的岩浆演化体系，更客观地探讨新路火山盆地中生代岩浆岩成因及其岩浆作用的深部动力学机制，本书将发育于新路火山盆地邻区的金衢白垩纪红盆中的超基性岩也纳入研究范畴。

本书所述的超基性岩产于由衢江群红层构成的金衢白垩纪红盆内，分布于龙游县北缘的虎头山和衢州市莲花镇西山下一带，区域上受北东向的深大断裂控制。该超基性岩目前尚未见有同位素年龄报道，因此形成时代只能是依据其穿切的地层时代而进行推断。

虎头山超基性岩岩性主要为玻基辉橄玢岩，呈火山颈状侵入于上白垩统衢县组（K_2q）沉积岩中；西山下一带超基性岩岩性为霞石云煌斑岩，呈岩筒形态产出，侵入于上白垩统金华组（K_2j）沉积岩中，穿插接触界线清楚。1：20 万衢县幅区域地质报告（1969）将其归为"喜马拉雅"期，1：20 万金华幅区域地质调查报告（1966）认为是老第三纪侵入形成的，1：25 万金华市幅区域地质调查报告（2005）认为其形成于新近纪中新世，观点基本一致。据此，本书将其归属于中新世产物。

综上讨论，大致可以确立新路火山盆地及邻区中生代以来岩浆演化序列，即先后经历了中生代早白垩世多旋回火山作用（包括劳村期、黄尖期、寿昌期等）以及杨梅湾花岗岩、花岗斑岩、辉绿岩和新生代超基性岩的侵入活动。本书将黄尖组火山岩、杨梅湾花岗岩、花岗斑岩、辉绿岩和超基性岩等单元视为新路盆地及邻区岩浆作用演化在不同阶段的代表性产物，以它们为研究对象展开地球化学动态演化特征等的研究工作。

第四章　辉绿岩地质与地球化学特征

第一节　岩石学与矿物学特征

辉绿岩脉主要分布于新路盆地中生代火山岩分布区，在基底变质岩中也有少量产出。后者主要呈北北西或北东东向，规模通常较小；前者均为北西向展布。本次调查与研究对象限于新路火山盆地内的辉绿岩脉。

新路火山盆地内辉绿岩零星发育，主要在大桥坞至方坞、明国寺和姜孟村-曹上村一带呈侵入脉状产出。在空间上，辉绿岩呈北西走向，倾向南西，近于直立，倾角约为72°，其走向与新路火山盆地空间展布趋势（北东向）以及区内主要断裂构造方位（如双桥断裂等，北东向）明显不一致，而与大桥坞矿床发育的铀矿体走向基本一致。通常以单脉体形式产出，透镜状连续展布，局部为北东东向或近东西断裂切割并错位。辉绿岩脉长度最小者约150 m，最长约2800 m，宽度一般为3~6 m不等，其中以姜孟-曹上村辉绿岩脉规模为最大，最大宽度约10 m，连续长度可达2.8 km以上。穿切的层位或岩体包括中生界火山岩系的黄尖组（J_3h）、寿昌组（J_3s）和燕山晚期的花岗岩（γ_5^3）、花岗斑岩体（$\gamma\pi_5^3$）等。宏观上，辉绿岩与围岩之间表现为截然的穿切关系，脉体中不同部位辉绿岩结晶程度和矿物颗粒大小基本一致；脉岩中未见侵入围岩角砾，也未见明显的接触交代或后期热液蚀变现象。

本书研究样品均采自新路火山盆地内北西向展布的辉绿岩脉，岩石组成较为均一，岩性为辉绿玢岩。主要特征如下：岩石颜色总体呈新鲜的墨绿色或暗灰绿色，致密块状构造，未见明显的风化作用；显微观察显示，岩石具斑状结构，基质呈现辉绿结构，斑晶矿物为辉石和斜长石（图版1-1~图版1-3），基质主要由细粒微晶辉石和板条状斜长石组成，其中辉石斑晶通常不是单个晶体产出，而是以数个晶体呈堆聚体状一起产出（图版1-1），表明在岩浆房中存在一定程度的辉石堆晶作用。副矿物有黄铁矿、针状磷灰石、粒状磁铁矿、钛铁矿等；辉石晶体多呈自形或半自形，以板状或柱状为特征，矿物颗粒较大，粒径一般为0.5~1.5 mm；斑晶矿物辉石有两种，即单斜辉石和斜方辉石共存（图版1-1），以前者为多。辉石的电子探针分析结果显示（表4-1；图4-1），岩石中单斜辉石主要为普通辉石（图4-1），斜方辉石包括古铜辉石和紫苏辉石。长石斑晶颗粒一般为0.1~0.5 mm。斑晶和基质中的斜长石常可见环带构造（图版1-3）。依据光性和电子探针结果（表4-2；图4-2），确定辉绿岩中微晶斜长石主要为基性斜长石（拉长石，An=56~70）。

表4-1　辉绿岩中辉石矿物化学成分分析结果

样品号	DQW-11								DQW-41	
测点	1	2	3	4	5	6	7	8	9	10
SiO_2	52.560	61.46	52.38	52.67	54.79	60.8	62.72	59.68	52.06	51.95
TiO_2	0.650	0.04	0.59	0.66	0.2	0.01	0.01		0.87	0.86
Al_2O_3	3.130	0.09	3.41	3.05	0.18	0.57	0.49	0.37	3.88	3.61

样品号	DQW-11								DQW-41	
测点	1	2	3	4	5	6	7	8	9	10
FeO	8.210	16.76	7.06	7.88	8.5	8.85	8.39	15.62	7.7	8.04
MnO	0.210		0.23	0.3	0.24	0.04	0.04		0.19	0.21
MgO	16.090	21.28	17.06	16.23	16.1	26.25	26.47	21.5	16.19	16.46
CaO	18.160	0.05	17.72	17.84	18.81	0.19	0.14	0.09	18.15	17.78
Na_2O	0.260		0.32	0.28	0.31	0.05	0.01	0.02	0.34	0.32
K_2O	0.010	0.02	0.01		0.01	0.02	0.03			
总计	99.28	99.7	98.78	98.91	99.14	96.78	98.3	97.28	99.38	99.23
Si	1.9421	2.1827	1.9339	1.9489	2.0296	2.1528	2.1751	2.1670	1.9187	1.9196
Al（Ⅳ）	0.0579		0.0661	0.0511					0.0813	0.0804
Al（Ⅵ）	0.0785	0.0038	0.0823	0.0819	0.0079	0.0238	0.0200	0.0158	0.0872	0.0768
Ti	0.0181	0.0011	0.0164	0.0184	0.0056	0.0003	0.0003		0.0241	0.0239
Fe^{2+}	0.2549	0.5220	0.2187	0.2453	0.2652	0.2732	0.2551	0.4959	0.2382	0.2491
Mn	0.0066		0.0072	0.0094	0.0075	0.0012	0.0012		0.0059	0.0066
Mg	0.8863	1.1266	0.9390	0.8953	0.8891	1.3856	1.3685	1.1638	0.8895	0.9067
Ca	0.7190	0.0019	0.7010	0.7073	0.7466	0.0072	0.0052	0.0035	0.7167	0.7039
Na	0.0186		0.0229	0.0201	0.0223	0.0034	0.0007	0.0014	0.0243	0.0229
K	0.0005	0.0009	0.0005		0.0005	0.0009	0.0013			
Wo	38.13	0.12	37.11	37.67	38.67	0.43	0.32	0.21	38.23	37.26
En	47.01	68.26	49.71	47.69	46.05	82.94	83.92	69.91	47.45	47.99
Fs	13.87	31.62	11.96	13.57	14.12	16.42	15.72	29.79	13.02	13.53
Ac	0.99		1.21	1.07	1.15	0.21	0.04	0.08	1.30	1.21
矿物种属	普通辉石	紫苏辉石	普通辉石	普通辉石	普通辉石	古铜辉石	古铜辉石	紫苏辉石	普通辉石	普通辉石
$Mg^{\#}$	78	68	81	78	77	84	84	70	79	78

注：以6个氧原子和4个阳离子为计算基准；$Mg^{\#} = 100 \times [Mg/(Mg+Fe)]$。

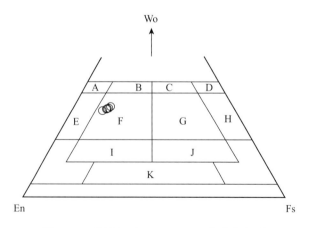

图 4-1 单斜辉石 Wo-En-Fs 分类命名图

（据 Morimoto et al.，1988）

A—透辉石；B—次透辉石；C—铁次透辉石；D—钙铁辉石；E—顽透辉石；F—普通辉石；G—铁普通辉石；
H—铁钙铁辉石；I—贫钙普通辉石；J—贫钙铁普通辉石；K—易变辉石

表4-2 辉绿岩中斜长石的电子探针分析结果

单元	样号	测点	SiO₂	TiO₂	Al₂O₃	FeO	MnO	MgO	CaO	Na₂O	K₂O	总量	An	Ab	Or	种属
辉绿岩	DQW-11	1	54.26	0.06	28.29	0.85	0.00	0.14	10.80	4.12	0.65	99.17	56.8	39.2	4.1	Pl
		2	51.67	0.09	29.42	0.81	0.02	0.14	12.04	3.50	0.46	98.15	63.6	33.5	2.9	Pl
	DQW-41	3	50.75	0.06	30.82	0.57	0.00	0.10	13.16	2.86	0.29	98.61	70.5	27.7	1.9	Pl
		4	50.61	0.07	29.94	0.71	0.01	0.13	12.62	3.22	0.38	97.69	66.8	30.8	2.4	Pl

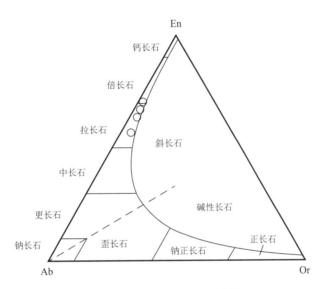

图4-2 辉绿岩中长石分类图解

较为特殊的显微特征是，在斜长石矿物的外围常可见钾长石镶边（图版1-4~图版1-6），表4-3为与图版1-6对应两个测点的电子探针结果，表明包裹着斜长石的"亮环"镶边成分为钾长石。这种钾长石镶边在正交镜下通常呈特征的、光性特征一致的"亮环"，十分明显。钾长石亮环可以是全环、半环，或呈镶嵌状、补丁状环边。由此推断辉绿岩浆熔体中存在较高的钾含量，并且熔融岩浆在结晶晚期的熔体中钾质有进一步富集特点。

表4-3 辉绿岩中斜长石的钾质环边电子探针分析结果

位置	测点	SiO₂	TiO₂	Al₂O₃	FeO	MnO	MgO	CaO	Na₂O	K₂O	总量	An	Ab	Or
斜长石	1	61.37	0.04	24.69	0.13	0.00	0.00	5.66	7.37	0.75	100.01	28.46	67.05	4.49
钾质环边	2	65.62	0.16	18.72	0.35	0.02	0.01	0.64	3.20	11.38	100.10	3.20	28.98	67.98

辉绿岩的蚀变现象主要表现有滑石化、碳酸盐化，其次是少量绿泥石化、皂石化和帘石化，既可交代斑晶矿物，也交代基质中的辉石和斜长石。上述蚀变矿物均非含钾矿物，由此可以推断辉绿岩在结晶成岩后基本未遭受外来钾质流体的交代作用，即岩石未经历后期钾增量事件，岩石中钾含量反映的是原始岩浆本身固有的特征。

第二节　主量元素与微量元素地球化学

一、主量元素

新路火山盆地辉绿岩主量元素分析结果见表 4 - 4。

由数据可见，新路火山盆地发育的辉绿岩岩石化学具有如下特点：低硅，Si_2O 含量主要介于 45.25% ~ 50.09%，个别低于 45%（44.00%，DQW - 42）；高碱，$K_2O + Na_2O$ 含量介于 3.84% ~ 5.47% 之间，平均 4.82%；K_2O/Na_2O 比值高，除样品 DQW - 42 外（0.35），主要介于 0.95 ~ 1.18；TiO_2 含量分布区间为 0.84% ~ 1.33%，平均 1.15%；Al_2O_3 含量范围为 13.73% ~ 16.89%；MgO 含量高，变化范围为 5.13% ~ 8.56%，相应的 $Mg^\#$ 值域为 63.52 ~ 76.83。固结指数 SI 较低，变化范围主要位于 25.68 ~ 28.69，最大值为 40.06，平均值为 30.68。

表 4 - 4　新路盆地辉绿岩主量元素分析结果

样号	测试结果（w_B/%）												
	SiO_2	TiO_2	Al_2O_3	Fe_2O_3	FeO	MnO	MgO	CaO	Na_2O	K_2O	P_2O_5	烧失量	合计
DQW - 12	45.28	1.26	13.73	5.08	5.65	0.19	6.20	7.39	2.44	2.70	0.44	9.04	99.40
DQW - 41	50.09	1.33	15.72	4.35	5.50	0.11	5.86	6.61	2.22	2.61	0.55	4.93	99.88
DQW - 42	44.00	0.84	13.83	4.56	4.60	0.16	8.56	11.43	2.84	1.00	0.29	7.46	99.57
DQW - 43	46.76	1.15	16.89	4.23	5.25	0.15	5.13	7.31	2.80	2.67	0.33	6.92	99.59

样号	$Mg^\#$	Qz	An	Ab	Or	Ne	Di	Hy	Ol	il	Mt	Ap	DI	A/CNK	AR
DQW - 12	66.16		20.55	22.89	17.69		13.72	5.18	10.56	2.65	5.63	1.17	40.58	0.674	1.6
DQW - 41	65.50	3.55	26.59	19.81	16.26		3.4	21.46		2.66	4.92	1.4	39.62	0.85	1.5
DQW - 42	76.83		23.97	14.83	6.43	6.13	28.68		13.33	1.74	4.16	0.76	27.39	0.521	1.36
DQW - 43	63.52		27.69	25.59	17.05		7.44	3.98	10.04	2.36	5.03	0.86	42.64	0.813	1.58

注：样品分析测试工作由核工业北京地质研究院分析中心完成，表中 $Mg^\# = 100 \times [Mg/(Mg + Fe^{2+})]$。

研究显示，辉绿岩各样品的烧失量（LOI）均较大，该特征与显微研究显示岩石主要遭受一定程度的碳酸盐化是相吻合的。各样品的 K_2O、Na_2O、CaO、MgO 等氧化物与烧失量之间不存在相关性（图 4 - 3），即上述氧化物含量并不随烧失量含量的高低而变化，说明虽然辉绿岩遭受了一定程度的碳酸盐化，但碳酸盐化作用主要为自交代作用的表现，该交代作用并未导致岩石主要元素组成发生明显变化。通常认为，火成岩遭受钾质交代作用时，会伴随 SiO_2 和 Na_2O 组分的析出，从而导致岩石的 SiO_2 和 Na_2O 含量降低，岩石的 SiO_2 与 K_2O 含量之间会表现出负相关关系，而 SiO_2 与 Na_2O 则表现出一定的正相关性（杜乐天，1998；王正其，2005）。图 4 - 4 显示，辉绿岩中的 K_2O、Na_2O 含量并未表现出随 SiO_2 含量增加而出现递增或递减的趋势，即岩石中 SiO_2 含量与 K_2O、Na_2O 含量之间不存在相关关系，因而从一个侧面说明新路盆地辉绿岩未曾遭受明显的钾质交代作用。综上认为，本次研究所采集的辉绿岩样品的主要元素组成基本反映了辉绿岩形成时的原岩组成特征，其中 K_2O 或 Na_2O 含量是辉绿岩原岩成分特征的反映。

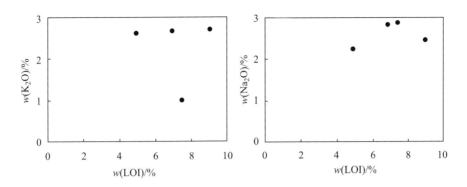

图 4-3 辉绿岩烧失量（LOI）与氧化物关系图

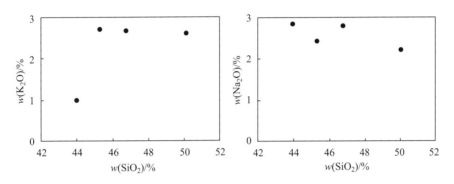

图 4-4 辉绿岩 $SiO_2 - K_2O$ 与 $SiO_2 - Na_2O$ 关系图

在全碱硅图解中（TAS图）（图4-5），辉绿岩样品投影点位于 Irvine 分界线上方或其附近，主要落于碱性岩系列，碱玄岩、粗面玄武岩区域，属于橄榄玄粗岩系列。除

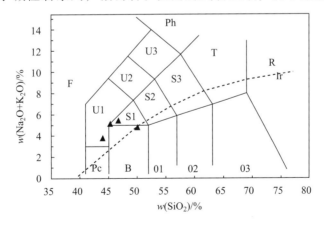

图 4-5 新路地区辉绿岩 $w(Na_2O + K_2O) - w(SiO_2)$ （TAS）图解

（据 Le Maitre et al. , 1989）

Pc—苦杆玄武岩；B—玄武岩；01—玄武安山岩；02—安山岩；03—英安岩；R—流纹岩；S1—粗面玄武岩；S2—玄武粗面安山岩；S3—粗面安山岩；T—粗面岩，粗面英安岩；F—副长石岩；U1—碱玄岩，碧玄岩；U2—响岩质碱玄岩；U3—碱玄质响岩；Ph—响岩；Ir—Irvine 分界线，上方为碱性，下方为亚碱性

DQW-42 号样品外,其余样品数据点在 $Na_2O - K_2O$ 图解中均落入钾质玄武岩系列范围(图 4-6)。DQW-42 号样品的 SiO_2 值相对较低(仅为 44%),Na_2O 含量(2.84%)明显大于 K_2O(1.00%),K_2O/Na_2O 比值仅为 0.35,数据投影点落于钠质岩石系列,与其他样品比较表现出一定的差异,与区域上发育的中新世超基性岩的岩石化学特征具有相似性(详见第六章),初步估计产生该样品例外现象可能是深部超基性岩包体不均一混入所致。

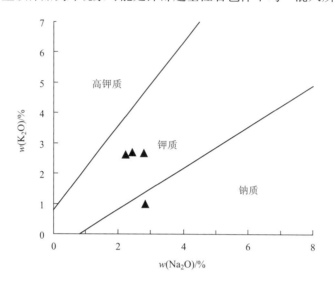

图 4-6 辉绿岩 $Na_2O - K_2O$ 图解

结合前述辉绿岩岩石学研究,得到以下初步认识:辉绿岩基本未遭受后期流体蚀变和钾质交代作用,可以否定辉绿岩体现的高钾质含量是来自后期钾质流体交代所致的可能性,相关岩石化学特征是源岩本身固有特征的反映,暗示新路盆地辉绿岩具有钾玄岩特征。

二、微量元素

稀土元素与微量元素分析结果列于表 4-5。

表 4-5　新路地区辉绿岩微量元素分析结果 ($w_B/10^{-6}$)

样号	La	Ce	Pr	Nd	Sm	Eu	Gd	Tb	Dy	Ho	Er	Tm	Yb	Lu	Y
DQW-12	39.8	77.4	9.82	39.5	7.25	2.15	6.19	0.903	5.20	1.01	2.85	0.391	2.51	0.407	27.1
DQW-41	43.0	81.8	10.4	40.7	7.46	2.27	6.63	0.884	5.16	1.06	2.98	0.404	2.83	0.423	27.1
DQW-42	35.4	61.9	7.45	29.2	5.29	1.64	4.81	0.603	3.65	0.689	2.01	0.283	1.79	0.287	19.1
DQW-43	14.8	29.4	4.26	18.6	3.88	1.55	3.79	0.577	3.64	0.795	2.19	0.332	2.20	0.350	19.2

样品号	Sr	Rb	Ba	Th	Ta	Nb	Zr	Hf	$\sum$REE	$\sum$LREE	$\sum$HREE	L/R	La_N/Yb_N	δEu	δCe
DQW-12	377	108	498	4.23	0.858	16.7	360	9.18	195.38	175.92	19.46	9.04	10.72	0.96	0.90
DQW-41	468	75.4	683	4.91	0.905	18.0	393	10.2	206.00	185.63	20.37	9.11	10.27	0.97	0.89
DQW-42	470	23.4	831	11.8	0.246	4.31	156	4.56	155.00	140.88	14.12	9.98	13.36	0.98	0.86
DQW-43	274	85.3	488	2.08	0.455	6.44	138	4.50	86.36	72.49	13.87	5.22	4.55	1.22	0.86

注:样品分析测试工作由核工业北京地质研究院分析中心完成,分析方法为 ICP-MS。

结果表明，除 DQW - 43 号样品稀土含量稍低外，辉绿岩的 ΣREE 含量总体较高，含量介于 $155.00 \times 10^{-6} \sim 206.00 \times 10^{-6}$ 区间内，平均 160.69×10^{-6}；轻稀土元素明显富集，$\Sigma LREE$ 含量介于 $140.88 \times 10^{-6} \sim 185.63 \times 10^{-6}$。所有样品的 $\Sigma LREE$ 平均值为 143.73×10^{-6}，重稀土元素含量相对亏损，$\Sigma HREE$ 含量变化范围为 $13.87 \times 10^{-6} \sim 20.37 \times 10^{-6}$，平均 16.96×10^{-6}；$\Sigma LREE/\Sigma HREE$ 比值范围为 $5.22 \sim 9.98$，平均 8.34；La_N/Yb_N 值介于 4.55 ~ 13.36 之间，平均值为 9.73。虽然不同样品稀土元素特征值存在一定的变化域，但各样品的球粒陨石标准化稀土元素配分模式表现出相似性，配分曲线基本一致，均体现为轻稀土元素富集且配分曲线较陡、重稀土元素相对亏损的平滑"右倾"型分布模式（图 4 - 7），显示辉绿岩中轻重稀土元素之间分馏程度明显，且各样品之间的稀土分馏程度基本一致。La_N/Sm_N 值变化范围为 2.40 ~ 4.21，平均 3.43；Gd_N/Yb_N 介于 1.40 ~ 2.18 之间，平均值为 1.87，显示辉绿岩中轻稀土元素之间的分馏程度较大，重稀土元素的分馏不明显，而且随原子数增加，重稀土元素间分馏程度明显降低（曲线近于平坦）。研究也已表明，在石榴子石中，重稀土元素由 Gd 至 Lu 的分配系数显著增高（Rollison，2000），因而辉绿岩中重稀土元素之间分馏程度低，且配分曲线表现为平坦型的现象，反映辉绿岩岩浆源区不存在石榴子石的分离结晶。各样品的 δEu 值变化范围为 0.96 ~ 1.22，平均值为 1.03，基本不存在 Eu 异常或亏损，反映辉绿岩岩浆演化作用过程也不存在斜长石的分离结晶作用，或源区熔融过程不存在斜长石的残余。比较发现，上述辉绿岩的稀土元素特征值及相对应的配分曲线特征，与洋中脊玄武岩的稀土元素特征值及配分曲线型式表现出显著差异，而与洋岛碱性玄武岩（OIB）相似。

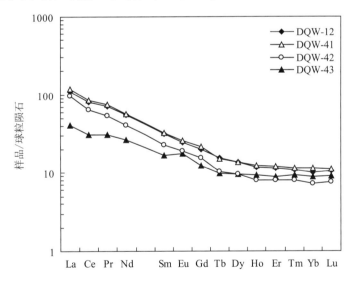

图 4 - 7　辉绿岩球粒陨石标准化分布型式图

（球粒陨石标准化数据据 Taloy et al. , 1985）

已有研究表明，地壳物质通常富集轻稀土元素，δEu 呈现亏损特点。区内辉绿岩的 SiO_2 与 ΣREE 之间基本无相关关系（图 4 - 8），SiO_2 与 δEu 值之间表现出近乎水平的趋势性（图 4 - 9），表明辉绿岩的 δEu 值随 SiO_2 含量的变化基本不发生变化，由此说明辉绿岩岩浆在形成或上侵过程基本未遭受地壳物质的混染。在 La/Sm - La 图解（图 4 - 10）

中，辉绿岩数据投影点也没有显示出结晶分异的近水平趋势，而表现为一定程度的正相关关系，暗示岩浆形成主要为部分熔融作用。辉绿岩的分异指数（*DI*）与δEu 图解显示（图 4 - 11），随分异指数的增加，δEu 值几乎不发生变化，表明两者之间不存在相关性，说明辉绿岩原始岩浆的分离结晶作用不明显。综上分析，认为地壳混染作用和结晶分异作用不是控制辉绿岩稀土元素特征的主要因素，新路火山盆地内发育的辉绿岩岩浆的形成与演化主要受部分熔融作用制约（王正其等，2013b）。

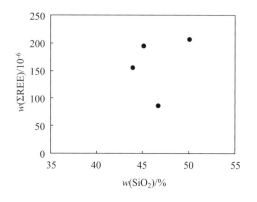

图 4 - 8　辉绿岩 SiO_2 - ΣREE 图解

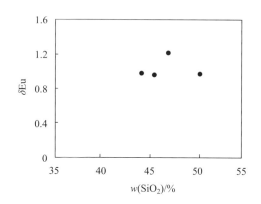

图 4 - 9　辉绿岩 SiO_2 - δEu 图解

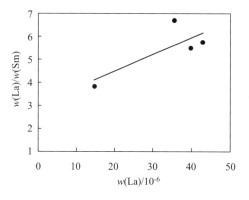

图 4 - 10　辉绿岩 La - La/Sm 图解

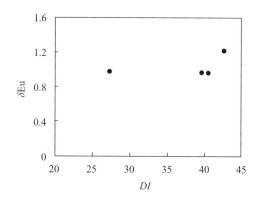

图 4 - 11　辉绿岩 *DI* - δEu 图解

在洋中脊玄武岩标准化微量元素蛛网图上（图 4 - 12），新路盆地发育的辉绿岩标准化曲线形态呈现左侧显著"隆起"而右侧相对"平缓"的特征，显著富集大离子亲石元素和强不相容元素 K、Rb、Sr、Ba、Th 等，高场强元素普遍高于洋中脊玄武岩（MORB值），显示出与洋岛玄武岩（OIB）相似性及其富集特征。样品中 K、Ti 几乎没有分异，高场强元素 Ta、Nb 含量变化较大，在蛛网图上表现出弱的相对负异常，暗示岩浆演化过程存在较弱的地壳物质的参与；其余元素如 Zr、Hf、Sm 等无亏损，Ce 呈明显的正异常，Ti、Y、Yb 含量相对较低，在蛛网图上呈现弱的相对负异常，各样品之间几乎没有分异，均反映出辉绿岩形成过程中没有受到明显的地壳物质混染，也未表现出地幔被来自地壳流体交代作用的特征。P 在地幔中属于相容元素，在地壳中是一个亏损元素，如果岩浆演化过程遭受明显的地壳物质混染，则由此形成的岩石会体现出较为明显的 P 亏损现象。由蛛网图可知，新路盆地辉绿岩中 P 呈现基本无亏损，一方面暗示岩浆演化过程没有遭受明显的地壳物质混染，从另一角度也表明辉绿岩岩浆在源区没有发生明显的磷灰石分离结晶作用，结晶分异作用不是辉绿岩岩浆演化过程的主导机制。

在 Ce/Yb – Ta/Yb 图解中（图 4 – 13），新路盆地辉绿岩投影点落在橄榄玄粗岩系列区域或其附近，也暗示辉绿岩具有钾玄岩特点。

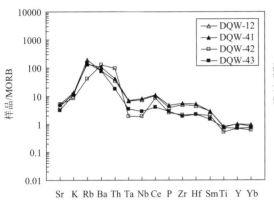

图 4 – 12　辉绿岩微量元素标准化蛛网图
（N – MORB 标准化数据据 Sun et al.，1989）

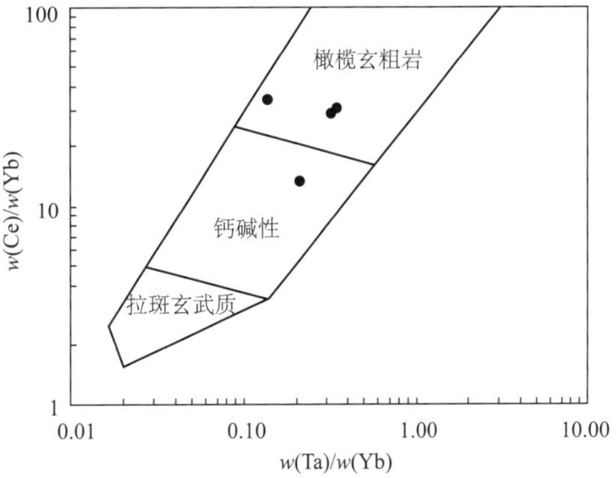

图 4 – 13　Ta/Yb – Ce/Yb 图解
（据 Matthew，2005）

第三节　Sr、Nd、Pb 同位素地球化学

一、Sr 同位素组成

表 4 – 6 列出了新路火山盆地内辉绿岩的 Rb – Sr 同位素分析结果，同时也给出了基于辉绿岩成岩年龄（93 Ma）的 I_{Sr}、ε_{Sr} 和 ΔSr 计算结果。

表 4 – 6　新路盆地辉绿岩 Rb – Sr 同位素分析结果

样品号	Rb/10^{-6}	Sr/10^{-6}	$^{87}Rb/^{86}Sr$	$^{87}Sr/^{86}Sr$	年龄/Ma	I_{Sr}	ε_{Sr}	ΔSr
DQW – 12	107	412	0.7504	0.709696	93	0.70870	61.2	87.04
DQW – 42	22	486	0.1309	0.707332	93	0.70716	39.3	71.59
DQW – 43	89.6	305	0.8495	0.708196	93	0.70707	38.1	70.73

注：分析单位：核工业北京地质研究院分析测试中心。分析仪器为 ISOPROBE – T 热电离质谱仪，分析误差以 2σ 计。$\Delta Sr = [(^{87}Sr/^{86}Sr)$ 样品 $- 0.7] \times 10^4$。

由表 4 – 6 可见，新路火山盆地发育的辉绿岩 Sr 同位素初始值（I_{Sr}）介于 0.70707 ~ 0.70870 之间，平均为 0.70765。不同样品之间的 Sr 同位素初始值变化不大，表明辉绿岩的 Sr 同位素相对较为均一。据 Zindler 等（1986）研究表明，亏损地幔（DM）的 $n(^{87}Sr)/n(^{86}Sr)$ 值介于 0.7020 ~ 0.7024 之间，富集地幔（EMII）的 $n(^{87}Sr)/n(^{86}Sr)$ 值通常大于 0.710，而富集地幔（EMI）的 $n(^{87}Sr)/n(^{86}Sr)$ 值一般为 0.7045 ~ 0.7060。

比较发现，区内发育的辉绿岩的 I_{Sr} 值显著大于亏损地幔（DM）值，与高 μ 值地幔端元（HIMU）（$^{87}Sr/^{86}Sr$ 值 = 0.7026 ~ 0.7030）也存在较大差别，介于富集地幔（EMII）与富集地幔（EMI）端元值之间，暗示与辉绿岩对应的岩石圈地幔源区具有富集地幔特征。

Sr 同位素初始比值与 1/Sr 图解可较好的判别原始岩浆是否遭受地壳物质混染，通常认为 Sr 同位素初始比值与 1/Sr 呈正相关特征是原始岩浆遭受地壳混染的重要证据之一（陈岳龙等，2005）。（$^{87}Sr/^{86}Sr$）– 1/Sr 图解显示（图 4 – 14），新路火山盆地辉绿岩的各个样品投影点之间没有呈现出正相关分布，而表现为离散的分布状态。说明新路火山盆地辉绿岩在形成过程中，其原始岩浆未受到地壳物质的明显混染。

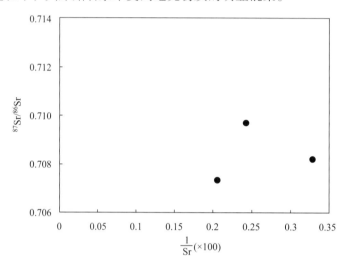

图 4 – 14　新路盆地辉绿岩 $^{87}Sr/^{86}Sr$ – 1/Sr 图解

Dupal 同位素异常是判断地幔端元及富集地幔的主要特征之一，而 ΔSr 值 > 50 是判别 Dupal 同位素异常的重要边界条件之一（Zindler et al.，1986；Hart，1988）。新路火山盆地辉绿岩的 ΔSr 值介于 70.73 ~ 87.04（表 4 – 7），均大于 50。该特征为辉绿岩来自富集地幔源区提供了一个重要佐证。

二、Nd 同位素组成

表 4 – 7 列出了新路火山盆地辉绿岩的 Sm – Nd 同位素分析结果，同时也给出了基于辉绿岩成岩年龄（93 Ma）的 $^{143}Nd/^{144}Nd$ 初始比值和 $\varepsilon_{Nd}(t)$ 计算结果。

表 4 – 7　新路盆地辉绿岩 Sm – Nd 同位素分析及 ε_{Nd} 计算结果

样品号	$\dfrac{Sm}{10^{-6}}$	$\dfrac{Nd}{10^{-6}}$	$^{147}Sm/^{144}Nd$	$^{143}Nd/^{144}Nd$	年龄/Ma	$(^{143}Nd/^{144}Nd)_i$	$\varepsilon_{Nd}(t)$
DQW – 12	5.48	38.0	0.0873	0.51239	93	0.512338	– 3.5
DQW – 42	3.78	26.5	0.0862	0.51249	93	0.512439	– 1.6
DQW – 43	3.00	17.8	0.1015	0.51247	93	0.512407	– 2.2

注：分析单位：核工业北京地质研究院分析测试中心。分析仪器为 ISOPROBE – T 热电离质谱仪，分析误差以 2σ 计。

数据显示,新路火山盆地辉绿岩 $^{143}Nd/^{144}Nd$ 初始比值介于 0.512338 ~ 0.512407 之间,均值为 0.512395;不同样品之间变化区间较小,表明 Nd 同位素较为均一稳定。对比发现,研究区辉绿岩的上述初始比值范围与富集地幔(EMI)值十分吻合,后者的 $n(^{143}Nd)/n(^{144}Nd)$ 变化区间为 0.5123 ~ 0.5124;与之形成明显反差的是,辉绿岩 $^{143}Nd/^{144}Nd$ 比值显著小于亏损地幔(DM)值($n(^{143}Nd)/n(^{144}Nd)$ = 0.5131 ~ 0.5133)和高 μ 值地幔(HIMU)值(一般为 0.5128),也明显小于富集地幔(EMII)的 $n(^{143}Nd)/n(^{144}Nd)$ 值(0.5131 ~ 0.5133)。新路火山盆地的辉绿岩具有与富集地幔(EMI)相似的 Nd 同位素特征,说明辉绿岩源区性质及其成因可能与 EMI 型富集地幔具有重要的内在联系。

新路盆地辉绿岩 $\varepsilon_{Nd}(t)$ 值范围为 -1.6 ~ -3.5,平均值为 -2.4。与洋中脊玄武岩的 ε_{Nd} 值(+10±1.5)存在显著区别,同样显示出富集地幔源区性质。

三、Pb 同位素组成

表 4 - 8 列出了新路地区辉绿岩的 Pb 同位素分析和相关参数的计算结果。

基于新路火山盆地辉绿岩的铀含量较低,主要介于 1.32×10^{-6} ~ 1.77×10^{-6} 之间(本书),且形成时代较为年轻,因此,其全岩的 Pb 同位素测定值可近似代表辉绿岩原始岩浆本身的初始 Pb 同位素组成。

表 4 - 8　新路盆地辉绿岩的 Pb 同位素组成

样品号	$^{208}Pb/^{204}Pb$	$^{207}Pb/^{204}Pb$	$^{206}Pb/^{204}Pb$	Δ7/4Pb	Δ8/4Pb
DQW - 42	38.740	15.594	18.555	9.2	68.0
DQW - 43	38.330	15.543	18.377	6.0	48.5

注:分析单位:核工业北京地质研究院,分析仪器为 ISOPROBE - T 热电离质谱仪,分析误差以 2σ 计,Δ7/4Pb = [($^{207}Pb/^{204}Pb$)$_{样品}$ - 0.1084($^{206}Pb/^{204}Pb$)$_{样品}$ - 13.491] × 100;Δ8/4Pb = [($^{208}Pb/^{204}Pb$)$_{样品}$ - 1.209($^{206}Pb/^{204}Pb$)$_{样品}$ - 15.627] × 100。

由表 4 - 8 可知,新路火山盆地辉绿岩的 Pb 同位素组成具有如下特征:$^{208}Pb/^{204}Pb$ = 38.330 ~ 38.740,平均 38.535,$^{207}Pb/^{204}Pb$ = 15.543 ~ 15.594,平均 15.569,$^{206}Pb/^{204}Pb$ = 18.377 ~ 18.555,平均 18.466,显示样品之间 Pb 同位素组成变化较小,且放射成因 Pb 相对富集。有研究表明,亏损地幔(DM)的 $^{208}Pb/^{204}Pb$ 值为 37.2 ~ 37.4,$^{207}Pb/^{204}Pb$ 一般为 15.4,$^{206}Pb/^{204}Pb$ 通常介于 17.2 ~ 17.7(Zindler et al.,1986;Rollison,2000)。由此可见,新路火山盆地辉绿岩的 Pb 同位素组成,特别是 $^{208}Pb/^{204}Pb$、$^{206}Pb/^{204}Pb$ 要明显高于亏损地幔(DM)的 Pb 同位素组成,与富集地幔的 Pb 同位素组成($^{206}Pb/^{204}Pb$ 介于 16.5 ~ 19.5;$^{207}Pb/^{204}Pb$ 通常大于 15.47)相似。

第四节　钾玄岩的厘定

钾玄岩(shoshonite)因岩石钾质高、形成深度大,对于研究壳 - 幔物质的相互作用和深部物质结构具有重要意义而引起地质界广泛重视。钾玄岩是一种根据化学成分确定的岩石类型,一般是指 $w(K_2O + Na_2O)$ 大于 5% 的玄武岩,通常具有高的 K_2O/Na_2O 比值(0.6 ~ 1.0 或更高)、贫 TiO_2(多数小于 1.3%)、Al_2O_3 的含量高且变化范围大(大多数

39

介于14%~19%之间），并强烈富集大离子亲石元素（LILE）和轻稀土元素（LREE）（Morrison, 1980）。钾玄岩属广义的钙碱性系列，在 SiO_2 – AlK 图上分布于橄榄玄粗岩系列区，橄榄玄粗岩系以高碱质（在硅 – 碱图上落在碱性玄武岩区）不同于亚碱性系列的岩石，而与碱性玄武岩系列相同；但又以富钾、低钛和无富铁趋势，并出现两种辉石（单斜辉石和斜方辉石）与碱性玄武岩系列相区别。

前述研究表明，新路火山盆地内发育的辉绿岩除1个样品含量稍低外，其余 SiO_2 含量介于45.25%~50.09%的样品，均具有富碱（$w(K_2O + Na_2O)$ = 4.83%~5.47%，平均5.15%），K_2O/Na_2O 比值高（0.95~1.18，平均1.08），低 TiO_2 含量（0.84%~1.33%，平均1.15%），Al_2O_3 含量范围介于13.73%~16.89%之间。样品投影点在 TAS 图解（图4-5）落在碱性粗面玄武岩区，属于橄榄玄粗岩系列；在 Na_2O – K_2O 图解（图4-6）中落入钾质玄武岩系列范围；在 SiO_2 – K_2O 图解（图4-15）中投影在钾玄岩系列区内。AFM 图解中（图4-16），辉绿岩所有样品的投影点均落在钙碱性区域（CA 区），未表现出岩石富铁趋势；矿物学特征研究显示，新路火山盆地辉绿岩中存在单斜辉石（普通辉石）和斜方辉石（紫苏辉石、古铜辉石）两个种属的辉石，斜长石为基性拉长石；此外，辉绿岩的 $\Sigma LREE/\Sigma HREE$ 比值为5.22~9.98（平均8.34），La_N/Yb_N 值介于4.55~13.36之间（平均值9.73），轻稀土元素富集明显，且显著富集大离子亲石元素和强不相容元素 K、Rb、Sr、Ba、Th 等，与钾玄岩的微量元素特征吻合。在 Ce/Yb – Ta/Yb 图解中，新路盆地辉绿岩落入橄榄玄粗岩系列区（图4-13）。

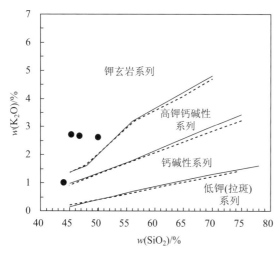

图4-15　辉绿岩 SiO_2 – K_2O 图解

（岩系界线分别据 Peccerillo et al., 1976（实线）
和 Middlemost, 1985（虚线））

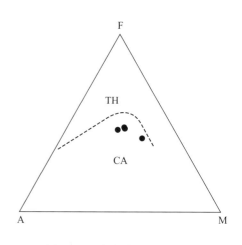

图4-16　辉绿岩的 AFM 图解

（据 Irvine et al., 1971）

上述特征表明，新路火山盆地发育的辉绿岩符合钾玄岩的地球化学特征。然其能否归属钾玄岩，关键是岩石中的 K 是否是原始岩浆固有的。概括而言，下述3种途径可以导致岩石具有富钾特征：岩石形成之后受到钾质流体交代，或者是岩浆在形成过程中受到地壳物质的混染（Battistini et al., 1996；Muller et al., 1992），或者直接来源于富集地幔源区（Turner et al., 1996）。

显微镜下研究显示，研究区辉绿岩的蚀变现象主要为滑石化、碳酸盐化，少量绿泥石化、皂石化和帘石化，上述蚀变矿物均非含钾矿物，说明辉绿岩中不存在钾质流体交代及其由此形成的含钾蚀变矿物，不存在成岩后期钾增量事件。通常认为，火成岩遭受钾质交代作用时，会伴随 SiO_2 和 Na_2O 组分的析出，从而导致岩石的 SiO_2 和 Na_2O 含量降低，岩石的 SiO_2 与 K_2O 含量之间会表现出负相关关系，而 SiO_2 与 Na_2O 则表现出一定的正相关性（杜乐天，1998；王正其，2005）。由图4-4表明新路盆地辉绿岩中的 K_2O、Na_2O 含量并未表现出随 SiO_2 含量增加而出现递增或递减的趋势，即岩石中 SiO_2 含量与 K_2O、Na_2O 含量之间不存在相关关系，从而论证了辉绿岩未曾遭受明显的钾质交代作用。由此可排除岩石中高钾特征是辉绿岩在成岩之后遭受后期富钾流体交代所致的可能性（第一种可能）。

前文在辉绿岩稀土元素和微量元素地球化学特征分析中，业已阐明本区辉绿岩不存在明显的地壳物质混染。玄武岩的镁值 $Mg/(Mg+Fe^{2+})$（原子数）是识别原生岩浆的一个重要标志。Green（1997）提出原生玄武岩的镁值主要集中于64~73，邓晋福（1984，2004）认为原生玄武岩浆的镁值为65~75，新路盆地辉绿岩的镁值介于65.5~76.83，显然具有原生岩浆的特点，也说明辉绿岩岩浆未曾遭受地壳物质混染。莫宣学（1988）更认为，玄武岩岩浆由于上升速度快（通常大于23.6 cm/s），在上升过程中不可能产生结晶分离和混染作用。

综上认为，新路盆地辉绿岩中的高钾含量不可能是地壳混染所致，更可能与本身的富集地幔源区性质相关，反映的是原始岩浆本身固有的特征，新路火山盆地内发育的辉绿岩为钾玄岩。

钾玄岩是造山带火成岩中一个重要组成部分。Meen（1987）根据美国 Montana 的 Independence 火山的一个演化系列（高 AI-TH（MKCA）-玄武安山岩（HKCA）-钾玄岩-安粗岩组合）熔融试验结果，得出结论，钾玄质系列火山岩是在高压条件下（约40 km 的莫霍面处）形成的。Condie（1982）基于 K_{60}（$w(SiO_2)$=60%时的 K_2O 含量）与地壳厚度的依赖关系，提出形成钾玄岩的地壳厚度大于67 km，高钾钙碱性系列岩石对应的地壳厚度40~67 km。青藏高原碰撞造山带的钾玄岩对应的地壳厚度为70~80 km。新路盆地钾玄岩形成年龄为93 Ma，据此可以作出如下定性判断：新路盆地在中生代早期或前中生代存在加厚地壳，地壳厚度大于40~67 km（王正其等，2013b）。

第五节　构造环境分析

近来研究表明，碱性岩浆岩可形成于多种构造环境，其中钾玄岩可出现在大陆弧、碰撞后弧、大洋弧和板内等环境，也可形成于拉张环境和后碰撞环境，对于区域构造演化和动力学机制的研究具有重要意义。

与岛弧环境有关的钾玄岩高度富集大离子亲石元素和轻稀土元素，显著亏损 Ta、Nb 和 Ti（Turner et al.，1996；李献华等，2000，2001）；大洋板内钾玄岩具有典型的洋岛玄武岩的微量元素特征；而大陆板内钾玄岩既有岛弧型微量元素特征，也有 OIB 型微量元素特征。依据新路火山盆地辉绿岩具有的轻稀土元素富集型，Ta、Nb、Ti 等元素基本不存在明显亏损，显著富集大离子亲石元素和强不相容元素 K、Rb、Sr、Ba、Th 等，其微量元素蛛网图与 OIB 型基本一致等特点，可大致推断研究区内的辉绿岩形成于大陆板内构造环境。

不同环境形成的钾玄岩的 TiO_2 含量往往存在明显区别（邓晋福等，1996），岛弧环境钾玄岩的 TiO_2 值一般接近于 0.77% 左右，形成于大陆裂谷环境的碱性玄武岩 TiO_2 值通常大于 2.2%，而青藏大陆碰撞带钾玄岩的 TiO_2 值一般为 1.30%，研究区辉绿岩 4 个样品的 TiO_2 范围为 0.84% ~ 1.33%，明显高于岛弧钾玄岩、低于大陆裂谷碱性玄武岩的 TiO_2 值，而与青藏高原钾玄岩的 TiO_2 值相近，说明其形成环境可能与大陆碰撞造山带环境相关。

地球化学图解是判别岩石形成的构造环境最常用和有效的方法之一。$TiO_2 - K_2O - P_2O_5$ 图解（图 4 – 17a）显示，新路火山盆地钾玄岩投影点均落入大陆环境区；在 $FeO_t - MgO - Al_2O_3$ 图解（图 4 – 17b）中，区内钾玄岩主要落在造山带或大陆环境。在微量元素 $Zr/Y - Zr$ 图解中（图 4 – 18a）和氧化物（TiO_2）– 微量元素比值（Y/Nb）联合图解中（图 4 – 18b），所有投影点均一致远离洋中脊玄武岩（MORB）区和岛弧玄武岩区，表现出板内玄武岩特征。

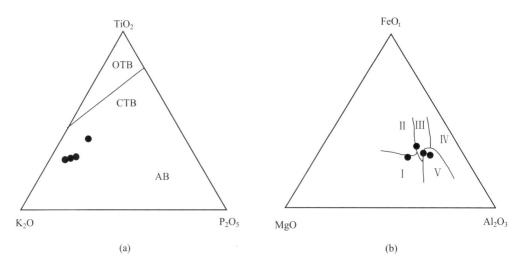

(a)　　　　　　　　　　　　(b)

图 4 – 17　辉绿岩 $FeO_t - MgO - Al_2O_3$ 和 $TiO_2 - K_2O - P_2O_5$ 图解

图（a）：OTB—大洋的；CTB—大陆的（a 据 Pearce et al.，1975；b 据 Pearce et al.，1979）

图（b）：Ⅰ—洋中脊或洋岛；Ⅱ—大洋岛；Ⅲ—大陆；Ⅳ—扩张洋中岛；Ⅴ—造山带

此外，新路火山盆地钾玄岩的 Hf/Th 比值主要位于 2.08 ~ 2.17 之间，平均 2.14，与 Cordie（1989）提出的板内玄武岩特征值类似；Th/Ta 比值范围为 4.57 ~ 47.97，Ta/Hf 比值主要位于 0.09 ~ 0.10 之间，也与汪云亮等（2001）提出的大陆板内玄武岩的值（分别为 >1.6 和 >0.1）相一致。

区域地质构造演化史研究表明，新路地区所处的扬子地块与南部的华夏地块最早在古元古代（约 800 Ma）就已拼贴联合成古陆。震旦纪之后，区域上经历的加里东运动、华力西运动和印支运动等多次造山作用和两块体之间的地壳拉张作用，总体表现为陆内两大块体间构造运动特点。虽然不同学者对于两个块体间拼贴固结成为统一陆块的时代尚存在

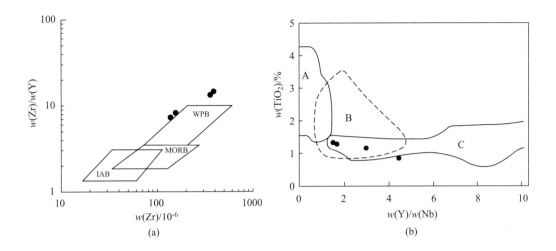

图 4 – 18　辉绿岩 Zr/Y – Zr 和 TiO_2 – Y/Nb 图解

（a 据 Pearce et al.，1979；b 据 Floyd et al.，1975）

图（a）：IAB—火山弧玄武岩；MORB—洋中脊玄武岩；WPB—板内玄武岩

图（b）：A—碱性玄武岩；B—板内玄武岩；C—洋中脊玄武岩

争议，但有一点是一致的，即在中三叠世末期的印支运动之后，华东南地区结束海相沉积历史，华夏地块和扬子地块已完全拼贴成为一体，进入陆内演化阶段。可见，地质与地球化学研究得到的认识是相互吻合的。

综上，认为新路火山盆地钾玄岩形成的构造环境为大陆板内环境，与陆内扬子地块和华夏地块之间发育的碰撞造山带环境有关。

第五章 酸性系列岩浆岩地球化学特征

第一节 岩石学与矿物学

本书所指的酸性系列岩浆岩，包括新路盆地内由早至晚发育的黄尖组酸性火山岩、杨梅湾花岗岩和花岗斑岩等3个岩石单元。

黄尖组主要由一套巨厚的流纹质、英安质火山岩组成，是新路盆地最早，也是最强的一次火山喷发产物之一，可划分为若干个喷发韵律，每个韵律的底部通常可见较多的砾石，且颗粒度粗大，可达4~5 cm，显示出凝灰质砾岩特点，往上则过渡为熔结凝灰岩。原岩颜色一般呈暗灰色、浅灰色或浅紫色，在大桥坞矿区一带遭受水云母化后变为绿色或灰绿色，两者在颜色特征上区别明显。岩石以凝灰质结构、玻基结构为特征，有时呈现微包含结构、霏细结构，常可见肉红色长石晶体，流纹构造和致密块状构造，偶见气孔或杏仁状构造。野外露头或钻孔岩心中，黄尖组火山岩中往往可见较多的岩石碎屑，岩屑粒径大小不一。

黄尖组火山岩主体岩性为流纹质玻屑晶屑熔结凝灰岩，也是本书黄尖组酸性火山岩地球化学特征研究的对象。不同部位的黄尖组火山岩熔结强度稍有差异。显微观察显示，岩石为晶屑玻屑结构，熔结凝灰质结构，似流动构造（图版2-1，图版2-2）。主要成分包括晶屑、玻屑、浆屑及少量岩屑组成。其中晶屑多呈棱角状，成分主要为石英，其次是钾长石和斜长石，可见条纹长石（条纹由钠长石-更长石组成），微量的黑云母（图版2-1~图版2-4）；石英晶屑占总晶屑含量的40%~45%，颗粒大小不等，多介于0.2~2.0 mm之间，多呈双锥状或碎屑状双锥石英（图版2-2），通常具棱角状（图版2-1），可见石英遭受岩浆的溶蚀作用，形成溶蚀边（图版2-5）；钾长石是岩石中主要晶屑成分之一，含量约占晶屑成分的35%~40%，粒径一般介于0.1~2.5 mm不等；斜长石粒径一般为0.15~0.65 mm，分布似有不均匀特点，以DQW-45样品中相对较多，其余样品中偶见，约占晶屑含量的10%±；斜长石或以单独晶体碎屑（图版2-4）、或被钾长石包裹（图版2-3），说明斜长石稍早于钾长石结晶，或与钾长石大致同时结晶。玻屑和浆屑有弱至较强的熔结作用，常常有塑性变形或压扁拉长现象，形成似流纹构造。岩石以钾长石不同程度遭受碳酸盐化为主要蚀变特点，此外也可见水云母化和硅化现象，但除大桥坞矿区外，岩石遭受的蚀变程度总体较弱。

岩石中的石英晶屑呈完整程度不一的双锥状，表明石英属β-石英，具高温成因特点。根据岩石中的石英晶屑多呈矿物碎屑状，以及浆屑或玻屑环绕石英晶屑出现的弯曲和似流动构造特点，可以推测石英晶屑形成较早，是较大深度岩浆房中结晶的产物；在喷发过程或未完全冷却固结成岩之前，石英晶体受到某种外力作用震碎而呈碎裂状或碎屑状。

岩屑岩性有两类，一类是浅变质岩（片岩或板岩等），是主要的岩屑组分；另一类是与主岩结构与成分相似的火山岩（图版2-6），为晶屑凝灰岩，但往往已遭受较强的水云母化，说明深部存在较早期岩浆作用产物，且两者之间可能存在一定的成因关系。

杨梅湾花岗岩体产于新路盆地及大桥坞矿区的西南部，岩体形态呈不规则的椭圆形，发育面积约37.9 km²。岩性为肉红色粗-细粒斑状花岗岩，似斑状结构，块状构造，基质为显晶质花岗结构，或显微文象和显微嵌晶结构。斑晶与基质中的矿物成分基本一致，主要为条纹长石（或钾长石）、石英和斜长石组成，少量的黑云母，副矿物有锆石、磷灰石和榍石等；斑晶矿物粒径一般为3~8 mm，最大者可达20~30 mm，基质矿物粒径一般为0.2~1 mm。岩石仅遭受弱的蚀变，主要表现为斜长石的绢云母化，黑云母的绿泥石化，或变成白云母并析出铁质，此外还可见少量的碳酸盐浸染状交代现象。

研究区花岗斑岩体主要在大桥坞矿区及附近地区出露。在平面上，花岗斑岩体往往成群成带发育，总体展布方向为北东向，与新路盆地空间展布方向基本一致。发育的规模不一，一般长数十米至数千米，脉宽数米至数百米，呈扁豆状、串珠状、不规则状的透镜状，边界形态多为港湾状。岩石一般呈肉红色、砖红色或灰红色。

显微研究显示，岩石岩性为花岗斑岩，表现出如下特征，呈斑状结构，斑晶主要为钾长石（约45%），石英（35%），有少量斜长石（10%），石英、斜长石矿物有时被钾长石包裹。基质为隐晶质或微晶质，基质成分与斑晶相似，有较多的不规则或球粒状显微文象结构（图版2-7，图版2-8）。副矿物有锆石、磷灰石、榍石，基本未见暗色矿物，但可见不规则的团块状褐铁矿。钾长石斑晶粒径大小在1~5 mm之间，有的表现为条纹长石，其中的钠长石条纹可占斑晶的15%，有的可占到30%。石英斑晶具双锥状（图版2-9，图版2-10），晶体大小一般介于1~3 mm之间，边缘常遭受较强烈的溶蚀作用，呈港湾状，并在边缘形成一厚度约0.5 mm的反应生长边，该反应边呈整齐的、光性一致的显微文象结构，文象结构中石英的光性方位与石英斑晶的光性方位一致。钾长石边缘也有这种光性一致的具文象结构的反应生长边，有时在肉眼观察时表现为完整或不完整的"环带边"，在显微镜下，其反应生长边不如石英明显。不管是斑晶，还是在基质中，斜长石矿物含量较低。岩石蚀变以碳酸盐化呈浸染状，少数呈团块状交代钾长石和斜长石为主，少量水云母化和赤铁矿化。

显微文象结构是钾长石与石英同时晶出的共结体（Barker，1970），是在较高压力下石英和钾长石同时结晶出来的结果。花岗斑岩中存在较高含量的钾长石斑晶，基质和石英溶蚀反应生长边，以及钾长石外围多发育显微文象结构，表明岩浆本身具有高钾特点，并在演化晚期岩浆熔体中钾有进一步富集的趋势。值得注意的是，野外观察与显微研究表明，花岗斑岩体以及采集样品所代表的岩石没有遭受明显的碎裂作用，然而在显微镜下，同是花岗斑岩斑晶的钾长石和石英，前者晶体表现相对较为完整均一，而石英晶体内部则通常显示出较多的裂纹，裂纹方向多不规则。以上现象说明钾长石在晶体析出后基本未受明显的应力作用，而石英从岩浆中结晶出后受到了明显的外力作用并碎裂，这种外力显然不是来自某个方向的应力，而应与岩浆喷发及由此导致的强烈的震碎作用相关。

表5-1为黄尖组熔结凝灰岩和花岗斑岩中长石的电子探针分析结果。图5-1为依据探针结果所作的长石分类图解。结果显示，黄尖组熔结凝灰岩和花岗斑岩中的长石矿物化学组成相似，主要为碱性长石，且又以钾长石为主，微量的钠长石。

表 5 – 1 长石成分探针及计算结果（w_B/%）

单元	样号	测点	SiO_2	TiO_2	Al_2O_3	FeO	MnO	MgO	CaO	Na_2O	K_2O	总量	An	Ab	Or	种属
黄尖组熔结凝灰岩	DQW – 04	1	65.61	0.00	18.69	0.05	0.00	0.00	0.00	0.42	16.03	100.8	0.0	3.8	96.2	Kf
		2	65.01	0.00	18.82	0.04	0.04	0.00	0.00	0.41	15.99	100.31	0.0	3.8	96.3	Kf
		3	69.65	0.03	20.43	0.04	0.01	0.00	0.09	10.17	0.20	100.62	0.5	98.3	1.3	Af
	DQW – 06	4	66.04	0.00	18.81	0.06	0.00	0.00	0.01	0.66	15.70	101.28	0.1	6.0	93.9	Kf
		5	65.48	0.00	18.37	0.19	0.00	0.01	0.01	0.33	16.04	100.42	0.1	3.0	96.9	Kf
		6	71.56	0.05	19.89	0.04	0.02	0.03	0.20	8.10	0.12	100.01	1.3	97.7	1.00	Af
		7	65.75	0.09	18.45	0.00	0.00	0.03	0.03	0.50	15.80	100.67	0.2	4.6	95.3	Kf
		8	66.73	0.01	18.38	0.06	0.00	0.00	0.02	0.63	15.11	100.94	0.1	6.00	93.9	Kf
		9	66.37	0.02	18.93	0.07	0.00	0.00	0.01	0.42	15.36	101.21	0.1	4.00	95.9	Kf
花岗斑岩	DQW – 09	10	65.53	0.00	18.07	0.07	0.05	0.00	0.01	0.15	16.48	100.36	0.1	1.4	98.6	Kf
		11	66.8	0.00	20.79	0.10	0.01	0.00	0.03	11.21	0.26	99.2	0.2	98.4	1.5	Af
		12	65.34	0.01	18.38	0.00	0.01	0.00	0.03	0.26	15.97	100	0.2	2.4	97.4	Kf
	DQW – 10	13	63.12	0.01	17.67	0.03	0.00	0.00	0.24	16.40		97.48	0.1	2.2	97.8	Kf
		14	65.42	0.00	18.54	0.05	0.00	0.03	0.19	16.20		100.43	0.2	1.8	98.1	Kf
		15	66.21	0.03	18.96	0.07	0.00	0.00	0.22	16.39		101.89	0.1	2.0	97.9	Kf
		16	65.84	0.00	18.26	0.03	0.02	0.00	0.01	0.28	16.18	100.62	0.1	2.6	97.4	Kf

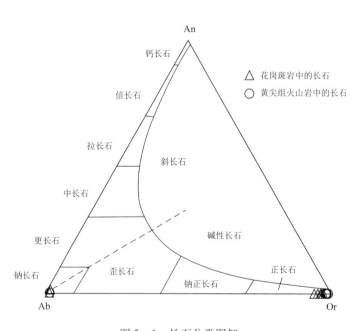

图 5 – 1 长石分类图解

比较黄尖组熔结凝灰岩与花岗斑岩，两者存在以下区别和联系：前者野外以火山喷出相产出，后者为浅成或超浅成侵入相，两者之间存在清晰的、截然的接触界线；前者岩石呈熔结凝灰质结构、玻屑晶屑结构，后者为斑状结构，发育较多的显微文象结构。在矿物

46

组成上，均以石英和钾长石为主，少量的斜长石，且石英均呈现锥形特征，显示两者具有相似的成岩过程和密切的成因联系，具高温高压成因特点，岩浆演化过程后期钾质含量明显增高。

第二节　主量元素地球化学特征

新路盆地酸性系列岩浆岩（黄尖组熔结凝灰岩、杨梅湾花岗岩、花岗斑岩）的主量元素及其 CIPW 标准矿物含量与主要岩石化学参数计算结果分别列于表5－2和表5－3。

表5－2　酸性岩浆岩主量元素化学分析结果（w_B/%）

样品号	单元	测试结果											
		SiO_2	TiO_2	Al_2O_3	Fe_2O_3	FeO	MnO	MgO	CaO	Na_2O	K_2O	P_2O_5	烧失量	总量
DQW－09	黄尖组	76.28	0.11	11.83	0.97	1.15	0.04	0.09	0.62	2.41	5.01	0.02	1.44	99.97
DQW－45	黄尖组	76.56	0.10	12.08	0.97	1.10	0.03	0.10	0.26	2.05	5.45	0.02	1.23	99.95
DQW－49	黄尖组	76.83	0.09	11.42	0.86	0.80	0.03	<0.01	0.56	2.12	6.11	0.02	1.1	99.94
YM－08	黄尖组	74.57	0.12	12.86	1.49	0.70	0.02	0.25	0.66	3.52	4.46	0.03	1.25	99.93
2269－15－1*	黄尖组	75.89	0.11	11.93	1.46	0.22	0.02	0.03	0.12	1.89	7.52	0.01	0.39	99.59
2742－1*	黄尖组	77.02	0.11	12.16	1.22	0.39	0.002	0.08	0.13	2.84	4.99	0.01	0.77	99.72
2741－1*	黄尖组	77.28	0.13	12.75	1.31	0.15	0.002	0.1	0.13	0.87	7.02	0.02	1.5	101.23
S－16－1*	黄尖组	75.23	0.11	12.00	1.75	0.17	0.003	0.26	0.31	2.72	5.32	0.03	1.87	99.77
351－12－2*	黄尖组	74.47	0.24	11.81	1.2	1.8	0.1	0.09	0.6	3.25	4.92	0.05	2.02	100.55
345－19－1*	黄尖组	75.58	0.24	12.48	1.49	0.27	0.06	0.18	0.24	3.27	5.13	0.04	1.18	100.16
2378－1*	黄尖组	76.09	0.18	12.22	1.69	0.58	0.03	0.08	0.12	1.56	5.6	0.02	2.38	100.55
S14－14－1*	黄尖组	70.1	0.38	15.08	3.28	0.2	0.03	0.17	0.66	4.6	4.45	0.12	0.87	99.94
S14－20－1*	黄尖组	74.63	0.29	12.00	2.15	0.29	0.02	0.31	0.29	2.72	5.32	0.04	1.96	100.02
DQW－48	杨梅湾	68.90	0.34	14.59	1.32	2.35	0.06	0.34	1.18	3.13	5.68	0.09	1.95	99.93
YM－02	杨梅湾	74.24	0.13	13.07	0.59	1.45	0.04	0.08	0.56	3.97	5.13	0.03	0.65	99.95
YM－03	杨梅湾	75.01	0.08	12.59	0.39	1.60	0.04	<0.01	0.70	3.87	5.15	0.02	0.33	99.77
YM－10	杨梅湾	74.76	0.07	12.78	0.76	0.75	0.03	0.07	0.90	4.64	4.42	0.02	0.75	99.95
5003－1*	白菊花尖	69.78	0.31	14.02	1.44	1.39	0.05	0.35	1.40	3.39	5.56	0.08	1.43	99.2
DQW－04	花岗斑岩	69.52	0.28	14.46	1.42	1.85	0.05	0.33	1.15	2.57	6.44	0.07	1.78	99.92
DQW－16	花岗斑岩	70.09	0.22	12.68	0.89	1.90	0.06	0.16	0.28	2.63	5.81	0.05	4.17	99.95
DQW－17a	花岗斑岩	70.85	0.24	13.50	1.03	1.70	0.10	0.22	0.98	0.83	7.30	0.06	3.08	99.89
DQW－22	花岗斑岩	70.29	0.27	13.86	1.18	2.65	0.05	0.11	1.06	2.42	6.10	0.06	1.9	99.95

注：*表示样品数据来自1：25万金华市幅区调报告（2005），其余为本书数据。表中的杨梅湾是指杨梅湾花岗岩。

表 5 - 3　酸性岩浆岩的 CIPW 标准矿物 （w_B/%）及主要岩石化学参数

样号	岩石单元	Mg#	Qz	An	Ab	Or	C	Di	Hy	Ol	il	Mt	Ap	DI	A/CNK	AR
DQW - 09	黄尖组	12.12	41.75	2.99	20.7	30.05	1.38	0	1.45	0	0.21	1.43	0.05	92.5	1.125	2.26
DQW - 45	黄尖组	13.94	43.18	1.17	17.57	32.63	2.41	0	1.38	0	0.19	1.42	0.05	93.37	1.24	4.1
DQW - 49	黄尖组	2.18	40.11	2.68	18.15	36.53	0.35	0	0.7	0	0.17	1.26	0.05	94.79	1.027	5.39
YM - 08	黄尖组	38.89	35.53	3.12	30.19	26.72	1.13	0	1.23	0	0.23	1.78	0.07	92.44	1.088	3.17
2269 - 15 - 1*	黄尖组	19.55	36.03	0.53	16.13	44.82	0.49	0	0.34	0	0.21	1.42	0.02	96.98	1.04	8.13
2742 - 1*	黄尖组	26.76	41.32	0.59	24.29	29.81	1.89	0	0.55	0	0.21	1.31	0.02	95.43	1.18	2.72
2741 - 1*	黄尖组	54.29	45.08	0.37	7.39	41.62	3.6	0	0.5	0	0.25	1.16	0.05	94.08	1.38	4.18
S - 16 - 1*	黄尖组	73.15	38.72	1.37	23.53	32.14	1.3	0	1.12	0	0.21	1.54	0.07	94.38	1.11	2.58
351 - 12 - 2*	黄尖组	8.18	35.01	2.69	27.91	29.51	0.17	0	2.36	0	0.46	1.77	0.12	92.43	1.00	3.2
345 - 19 - 1*	黄尖组	54.29	36.53	0.94	27.97	30.64	1.22	0	0.71	0	0.46	1.43	0.1	95.15	1.10	3.12
2378 - 1*	黄尖组	19.73	45.85	0.47	13.45	33.73	3.49	0	0.82	0	0.35	1.8		93.03	1.38	3.76
S14 - 14 - 1*	黄尖组	60.23	25	2.52	39.34	26.58	1.8	0	0.98	0	0.73	2.76	0.29	90.93	1.11	3.71
S14 - 20 - 1*	黄尖组	65.57	38.08	1.2	23.49	32.09	1.36	0	1.17	0	0.56	1.95	0.1	93.66	1.12	2.59
DQW - 48	杨梅湾	20.49	25.42	5.37	27.03	34.26	1.39	0	3.7	0	0.66	1.95	0.22	86.71	1.085	2.32
YM - 02	杨梅湾	8.95	29.56	2.6	33.83	30.53	0.04	0	2.25	0	0.25	0.86	0.07	93.93	0.998	3.79
YM - 03	杨梅湾	1.10	30.67	1.78	32.92	30.6	0	1.41	1.85	0	0.15	0.57	0.05	94.2	0.953	3.79
YM - 10	杨梅湾	14.26	29.49	1.00	39.58	26.33	0	1.83	0	0	0.13	1.07	0.05	95.4	0.909	4.92
5003 - 1*	白菊花尖	30.97	25.51	6.57	29.34	33.61	0.07	0	2.12	0	0.6	1.98	0.2	88.46	0.99	2.57
DQW - 04	花岗斑岩	24.12	26.82	5.35	22.16	38.78	1.36	0	2.73	0	0.54	2.1	0.17	87.76	1.088	3.73
DQW - 16	花岗斑岩	13.05	29.93	5.88	23.24	35.85	0	0.36	2.84	0	0.44	1.35	0.13	89.02	0.98	2.21
DQW - 17a	花岗斑岩	18.74	36.04	4.62	7.25	44.56	2.68	0	2.69	0	0.47	1.54	0.15	87.85	1.222	3.56
DQW - 22	花岗斑岩	6.89	29.57	4.96	20.88	36.77	1.52	0	3.89	0	0.52	1.74	0.15	87.22	1.108	3.66

注：* 表示样品数据来自 1：25 万金华市幅区调报告（2005），其余为本书数据。表中的杨梅湾是指杨梅湾花岗岩。

结果显示，黄尖组单元的火山岩除 1 件样品（S14 - 14 - 1）SiO_2 含量（70.1%）稍低外，其余样品的 SiO_2 含量介于 74.47% ~77.28% 范围内，平均值为 75.43%；杨梅湾花岗岩的 SiO_2 含量变化范围为 68.9% ~75.01%，平均值 72.54%；花岗斑岩 SiO_2 含量范围为 69.52% ~70.85%，平均 70.19%。表明新路盆地酸性岩浆岩系列 3 个单元的 SiO_2 含量均较稳定，且由黄尖组火山岩、杨梅湾花岗岩体到花岗斑岩，岩石的 SiO_2 含量变化表现出逐渐降低的趋势。在 TAS 图解中（图 5 - 2），3 个单元所有样品投影点均落在 R 区、Ir 分界线附近的亚碱性区一侧。在 SiO_2 - AR 图解中（图 5 - 3），3 个单元岩浆岩所有的样品几乎全部落于碱性岩区，表明新路盆地酸性系列岩浆岩属于碱性岩系列。

新路盆地酸性系列岩浆岩 3 个单元普遍富碱、高钾，且 $K_2O > Na_2O$。所有岩石样品的 $K_2O + Na_2O$ 含量变化范围介于 7.16% ~9.41% 之间，平均 8.37%；其中黄尖组火山岩的 $K_2O + Na_2O$ 变化范围最宽，为 7.16% ~9.41%，均值为 8.09%；杨梅湾花岗岩的 $K_2O + Na_2O$ 变化范围为 8.81% ~9.06%，均值为 8.99%；花岗斑岩的 $K_2O + Na_2O$ 变化范围 8.13% ~9.01%，平均 8.53%。总体而言，晚期形成的岩浆岩较早期喷发形成的火山岩，碱质含量有升高的趋势。

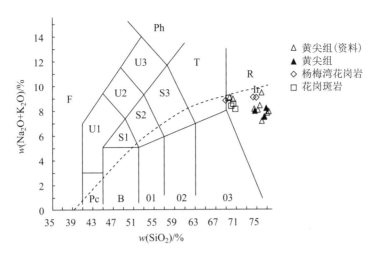

图 5 - 2 新路盆地酸性系列岩浆岩 TAS 图解

（△数据据 1 : 25 万区调报告，其余为本书数据）

Pc—苦橄玄武岩；B—玄武岩；01—玄武安山岩；02—安山岩；03—英安岩；R—流纹岩；S1—粗面玄武
岩；S2—玄武粗面安山岩；S3—粗面安山岩；T—粗面岩，粗面英安岩；F—副长石岩；U1—碱玄岩，碧
玄岩；U2—响岩质碱玄岩；U3—碱玄质响岩；Ph—响岩；Ir—Irvine 分界线，上方为碱性，下方为亚碱性

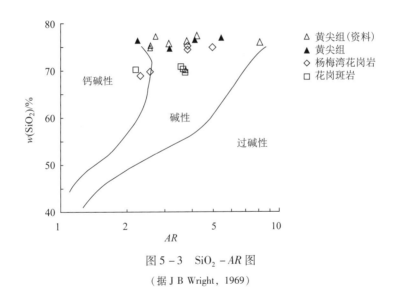

图 5 - 3 SiO₂ - AR 图

（据 J B Wright，1969）

除 2 件样品的 K_2O/Na_2O 比值小于 1 （样品号 S14 - 14 - 1 和 YM - 10，比值分别为
0.97、0.95），2 件样品的 K_2O/Na_2O 比值大于 8 （样品号 2741 - 1 和 DQW - 17a，比值分
别为 8.07、8.80），其余 18 件样品的 K_2O/Na_2O 比值均介于 1.27 ~ 3.59 范围内，平均值
为 2.60。其中黄尖组单元火山岩的 K_2O/Na_2O 比值范围为 0.97 ~ 8.07，平均值 2.63；杨
梅湾花岗岩的 K_2O/Na_2O 比值变化区间为 0.95 ~ 1.81，平均值 1.41；花岗斑岩 K_2O/Na_2O
比值最高，范围为 2.21 ~ 8.80，平均值 4.01。此外，数据统计显示，黄尖组火山岩的
K_2O 含量范围为 4.46% ~ 7.52%，平均值 5.48%；杨梅湾花岗岩的 K_2O 含量变化区间为
4.42% ~ 5.68%，平均值 5.19%；花岗斑岩 K_2O 含量范围 5.81% ~ 7.3%，平均值

6.41%。比较可知，除杨梅湾花岗岩的 K_2O 平均含量和 K_2O/Na_2O 比值略有变化外，晚期花岗斑岩的 K_2O 平均含量和 K_2O/Na_2O 比值明显要高于早期的黄尖组火山岩。$K_2O - Na_2O$ 图解显示（图 5-4），3 个单元的岩浆岩 Na_2O 与 K_2O 均体现出基本一致的负相关关系，所有酸性岩浆岩样品的投影点落在钾玄质和超钾质岩石系列范围分界线附近及两侧。

黄尖组火山岩的 Al_2O 含量变化范围介于 11.42% ~ 15.08% 之间，平均 12.36%；杨梅湾花岗岩的 Al_2O_3 含量范围 12.59% ~ 14.59%，平均 13.41%；花岗斑岩的 Al_2O_3 范围区间为 12.68% ~ 14.46%，均值 13.63%，显示新路盆地酸性系列岩浆岩相对富铝，从早期至晚期，岩石中的 Al_2O_3 含量略有增高。除个别样品外，酸性系列岩浆岩的 A/CNK 主要介于 0.95 ~ 1.24 之间，平均 1.10，其中黄尖组火山岩 A/CNK 为 1.15（变化范围：1.00 ~ 1.38，下同），杨梅湾花岗岩的 A/CNK 为 0.99（0.91 ~ 1.09），花岗斑岩的 A/CNK 为 1.10（0.98 ~ 1.22）。碱度指数（ANK）绝大多数小于 1.30，平均 1.21，其中黄尖组火山岩 ANK 为 1.22（变化范围：1.06 ~ 1.42，下同），杨梅湾花岗岩的 ANK 为 1.13（1.03 ~ 1.29），花岗斑岩的 ANK 为 1.29（1.19 ~ 1.46）。在 $A/CNK - ANK$ 图上（图 5-5），样品投影点集中分布于准铝质 - 过铝质界线附近，总体属弱过铝质。

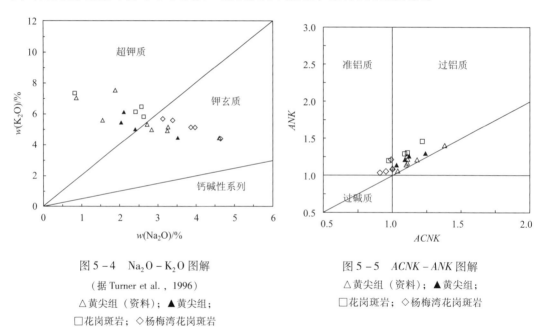

图 5-4 $Na_2O - K_2O$ 图解

（据 Turner et al. , 1996）

△黄尖组（资料）；▲黄尖组；

□花岗斑岩；◇杨梅湾花岗斑岩

图 5-5 $ACNK - ANK$ 图解

△黄尖组（资料）；▲黄尖组；

□花岗斑岩；◇杨梅湾花岗斑岩

黄尖组火山岩、杨梅湾花岗岩和花岗斑岩的 CaO 含量变化范围分别为 0.1% ~ 0.66%（均值 0.36%）、0.56% ~ 1.4%（0.89%）、0.98% ~ 1.28%（1.12%）；TiO_2 含量变化范围分别为 0.09% ~ 0.38%（均值 0.17%）、0.07% ~ 0.34%（0.19%）、0.22% ~ 0.28%（0.25%）；MgO 的含量变化范围分别为 0.01% ~ 0.31%（均值 0.13%）、0.01% ~ 0.35%（0.17%）、0.11% ~ 0.33%（0.21%）；3 个单元岩石中的 P_2O_5 含量均值依次为 0.03%、0.05%、0.06%。由上可见，新路盆地酸性系列岩浆岩总体呈现低 CaO、低 TiO_2、低 MgO 和低 P_2O_5 的特点，然而岩浆作用随时间演化，由早期至晚期岩石中的上述氧化物含量依次均呈现出弱增长的趋势。

CIPW 标准矿物计算结果显示（表 5－3），黄尖组火山岩以石英（Qz）、钾长石（Or）和钠长石（Ab）为主，3 种矿物含量之和为 90.92%～96.98%，平均为 93.78%；除 2 个样品外（YM－08 和 S14－14－1），其余样品的钾长石（Or）的含量均大于钠长石（Ab）；钙长石含量（An）较低（0.37%～3.12%）；所有样品都出现了标准矿物刚玉（C），含量为 0.17%～3.6%，无透辉石（Di）。

杨梅湾花岗岩也以石英（Qz）、钾长石（Or）和钠长石（Ab）为主，3 种矿物含量之和为 86.71%～95.4%，平均值 91.74%。钾长石（Or）与钠长石（Ab）含量大致接近。钙长石含量范围为 1.00%～6.57%。5 个样品中，2 个样品没有出现标准矿物刚玉（C），2 个样品刚玉分子含量极低（0.04%～0.07%），1 个样品的刚玉含量相对较高（1.39%），其中没有出现刚玉分子的 2 个样品出现了透辉石（Di）。

花岗斑岩同样以石英（Qz）、钾长石（Or）和钠长石（Ab）为主，但 3 种矿物含量之和略有降低，值域 87.22%～89.02%，平均 87.96%。钾长石（Or）均大于钠长石（Ab）。钙长石含量 4.62%～5.88%，明显较黄尖组火山岩中的钙长石含量要高。除 1 个样品没有出现刚玉分子（C）外，其余 3 个样品均有标准矿物刚玉（1.36%～2.68%），没有出现刚玉的样品对应出现透辉石矿物（Di）。

比较可知，黄尖组火山岩、杨梅湾花岗岩和花岗斑岩均以石英（Qz）、钾长石（Or）和钠长石（Ab）为主，3 种矿物含量之和略呈下降趋势。其中上述 3 个岩石单元中的石英含量依次递减，而钾长石含量呈现增长趋势。钙长石（An）含量的变化趋势与钾长石相似。所有的黄尖组火山岩样品均出现了标准矿物刚玉分子，杨梅湾花岗岩和花岗斑岩则部分样品出现刚玉矿物；就平均值而言，杨梅湾岩体的刚玉分子含量最低（0.3%，其次是花岗斑岩（1.39%），黄尖组火山岩中最高（1.58%）。黄尖组、杨梅湾花岗岩、花岗斑岩的分异指数 DI 平均值分别为 93.78、91.74、87.96，亦呈现递减特征。

在 Harker 图解上（图 5－6），新路盆地酸性系列岩浆岩表现出如下特征，一方面黄尖组火山岩与花岗斑岩的投影点存在各自的分布范围，杨梅湾花岗岩的投影点部分落在黄尖组范围，部分位于花岗斑岩区；另一方面，所有酸性系列岩浆岩单元的 TiO_2、Al_2O_3、CaO、FeO_T、P_2O_5、MgO、MnO 等氧化物与 SiO_2 之间均表现出较好的负相关线性变化趋势，呈现出随岩浆演化进程，或者说随 SiO_2 含量的逐渐降低，上述氧化物含量递增的趋势。SiO_2 与 K_2O、K_2O+Na_2O 等氧化物之间体现出类似的变化趋势。不同期次岩浆岩的 Na_2O 含量变化不明显。暗示酸性系列岩浆岩的 3 个岩石单元之间存在成因演化关系，且岩浆演化进程中存在外来富 K、Mg、Ti、P 质等流体参与的现象。

值得注意的一个现象是，新路盆地内酸性系列岩浆岩，晚期较早期单元岩石中的 K_2O 含量及 K_2O/Na_2O 比值表现出相应的增高趋势。如黄尖组单元火山岩的 K_2O 含量平均值 5.48%，花岗斑岩 K_2O 含量平均值 6.41%；黄尖组火山岩的 K_2O/Na_2O 比值为 2.63，花岗斑岩 K_2O/Na_2O 比值是 4.01。对某个岩石单元而言，SiO_2 与 K_2O 含量、K_2O/Na_2O 比值的变化关系却表现出相反的变化趋势，表现出随 SiO_2 含量增加，K_2O 含量、K_2O/Na_2O 比值总体呈现增高趋势（图 5－5，图 5－8）。即酸性系列岩浆岩演化进程与单个单元岩浆成分演化两者之间，上述成分的变化趋势体现出不协调性，暗示岩浆演化过程可能受外来物质混溶和部分熔融两种作用共同影响。

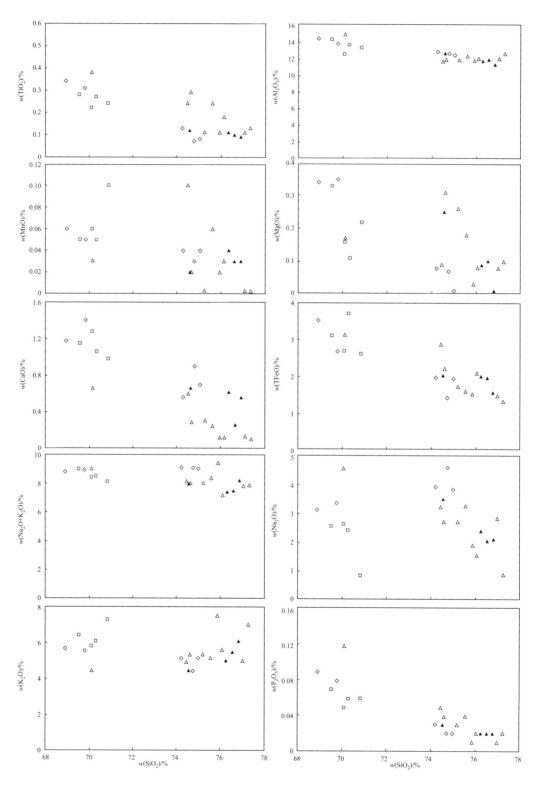

图 5-6 酸性系列岩浆岩哈克图解

□花岗斑岩；◇杨梅湾花岗岩；△黄尖组（资料）；▲黄尖组

第三节 稀土元素地球化学特征

表5-4列出了新路盆地黄尖组火山岩、杨梅湾花岗岩和花岗斑岩等3个单元岩浆岩微量元素分析结果及相关特征值统计结果。

表5-4 新路盆地酸性岩系列微量元素分析结果（$w_B/10^{-6}$）

样号	单元	La	Ce	Pr	Nd	Sm	Eu	Gd	Tb	Dy	Ho	Er	Tm	Yb	Lu	Y
DQW-09	黄尖组	34.8	70.8	9.97	39.9	9.94	0.22	8.85	1.60	10.2	2.10	6.10	0.930	5.81	0.899	60.6
DQW-45	黄尖组	48.9	67.6	14.0	54.0	12.5	0.29	10.7	1.82	10.5	2.05	6.16	0.890	5.91	0.885	57.3
DQW-49	黄尖组	36.5	76.1	10.4	42.3	9.54	0.23	8.15	1.50	9.15	1.89	5.45	0.805	5.44	0.781	52.0
YM-08	黄尖组	28.5	57.3	8.38	34.5	10.2	0.24	10.8	2.41	16.6	3.49	11.3	1.63	11.6	1.75	106
平均值		37.2	67.9	10.69	42.7	10.55	0.25	9.63	1.83	11.61	2.38	7.25	1.06	7.19	1.08	68.9
DQW-48	杨梅湾	102	180	20.5	73.4	10.6	1.57	8.39	1.18	6.41	1.28	3.69	0.537	3.53	0.544	34.3
YM-02	杨梅湾	40.2	80.1	9.87	36.8	7.61	0.36	7.01	1.33	8.63	1.90	5.49	0.936	6.20	0.945	56.1
YM-03	杨梅湾	25.1	52.2	7.13	27.9	7.10	0.18	7.39	1.48	10.1	2.26	7.05	1.12	7.88	1.22	69.7
YM-10	杨梅湾	22.7	52.2	7.01	28.2	8.45	0.15	8.06	1.68	12.1	2.60	8.48	1.35	9.47	1.50	80.2
平均值		47.5	91.1	11.13	41.6	8.44	0.57	7.71	1.42	9.31	2.01	6.18	0.99	6.77	1.05	60.1
DQW-04	花岗斑岩	107	188	21.3	73.9	11.3	1.30	8.66	1.22	6.94	1.29	3.77	0.531	3.54	0.559	35.5
DQW-16	花岗斑岩	99.1	179	20.2	69.7	11.1	1.11	8.61	1.22	6.73	1.31	3.77	0.558	3.69	0.530	35.7
DQW-17a	花岗斑岩	105	188	21.1	74.9	11.4	1.14	8.84	1.38	6.93	1.38	3.87	0.551	3.60	0.550	36.1
DQW-22	花岗斑岩	102	186	20.4	73.6	11.0	1.29	8.37	1.18	6.53	1.21	3.67	0.495	3.57	0.516	34.6
平均值		103.3	185.3	20.9	73.0	11.2	1.21	8.62	1.21	6.78	1.30	3.77	0.53	3.60	0.54	35.5

样品号	岩性	Sr	Rb	Ba	Th	Ta	Nb	Zr	Hf	ΣREE	LREE	HREE	L/R	La_N/Yb_N	δEu	δCe
DQW-09	黄尖组	20.6	216	101	22.0	2.10	21.5	149	7.94	202.11	165.63	36.49	4.54	4.05	0.07	0.88
DQW-45	黄尖组	13.1	233	91.8	21.0	1.97	21.5	148	7.59	236.21	197.29	38.92	5.07	5.59	0.07	0.60
DQW-49	黄尖组	17.9	235	81.6	21.9	1.98	19.8	148	7.72	208.23	175.07	33.17	5.28	4.53	0.08	0.91
YM-08	黄尖组	31.2	183	115	32.7	4.60	40.6	182	10.5	198.70	139.12	59.58	2.34	1.66	0.07	0.86
平均值		20.7	216.8	97.4	24.4	2.66	25.9	156.8	8.44	211.31	169.28	42.04	4.31	3.96	0.07	0.81
DQW-48	杨梅湾	86.3	141	959	15.6	1.22	18.6	205	7.98	413.63	388.07	25.56	15.18	19.53	0.49	0.88
YM-02	杨梅湾	37.2	292	145	26.8	3.25	28.4	164	8.71	207.38	174.94	32.44	5.39	4.38	0.15	0.92
YM-03	杨梅湾	13.6	292	46.1	25.6	3.97	35.5	154	12.8	158.11	119.61	38.50	3.11	2.15	0.07	0.97
YM-10	杨梅湾	21.4	275	55.8	39.1	5.26	43.5	194	12.8	163.95	118.71	45.24	2.62	1.62	0.05	0.97
平均值		39.6	250.0	301.5	26.8	3.43	31.5	179.3	9.95	235.77	200.33	35.44	6.58	6.92	0.19	0.92
DQW-04	花岗斑岩	50.3	178	611	16.8	1.33	18.0	191	7.51	429.31	402.80	26.51	15.19	20.43	0.39	0.88
DQW-16	花岗斑岩	50.7	157	582	16.9	1.46	16.5	229	8.39	406.63	380.21	26.42	14.39	18.15	0.33	0.90
DQW-17a	花岗斑岩	29.7	262	494	16.6	1.37	17.5	228	8.46	428.89	401.94	26.95	14.91	19.71	0.33	0.89
DQW-22	花岗斑岩	63.2	174	638	16.9	1.26	17.9	210	8.14	419.83	394.29	25.54	15.44	19.31	0.40	0.91
平均值		48.5	192.8	581.3	16.8	1.36	17.5	214.5	8.13	421.17	394.81	26.36	14.98	19.40	0.36	0.90

黄尖组火山岩不同样品的∑REE含量较为稳定，变化范围为$198.70 \times 10^{-6} \sim 236.21 \times 10^{-6}$，平均$211.31 \times 10^{-6}$。∑LREE和∑HREE变化范围分别为$139.12 \times 10^{-6} \sim 197.29 \times 10^{-6}$、$33.17 \times 10^{-6} \sim 59.58 \times 10^{-6}$，平均值分别为$169.28 \times 10^{-6}$和$42.04 \times 10^{-6}$。LREE/HREE比值范围为$2.34 \sim 5.28$，平均$4.31$，LREE含量大于HREE。稀土元素球粒陨石标准化曲线表现为略微右倾型（图5-7a），La_N/Yb_N比值主要介于$4.05 \sim 5.09$，平均为3.96；除YM-08样品HREE相对较高外，其他样品配分曲线大致重叠；Eu强烈亏损，δEu为0.07，暗示岩浆源区存在斜长石的残留或分离结晶作用，或熔融岩浆的源岩来自Eu强烈亏损的陆壳物质。

杨梅湾花岗岩稀土元素含量值域及相关特征值表现出变化较宽的特点。其中，∑REE含量变化范围为$158.11 \times 10^{-6} \sim 413.63 \times 10^{-6}$，均值$235.77 \times 10^{-6}$；LREE和HREE变化范围分别为$118.71 \times 10^{-6} \sim 388.07 \times 10^{-6}$和$25.56 \times 10^{-6} \sim 45.24 \times 10^{-6}$；LREE/HREE比值范围为$2.62 \sim 15.18$；不同样品的稀土元素球粒陨石配分曲线总体呈右倾但吻合性差（图5-7b），La_N/Yb_N比值范围$1.62 \sim 19.53$；Eu强烈亏损至中等亏损，δEu值域区间为$0.05 \sim 0.49$。

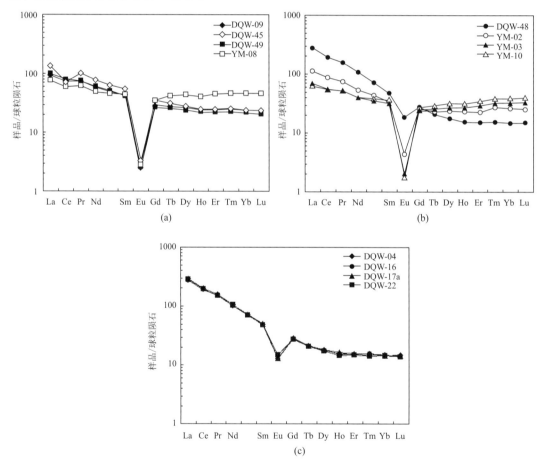

图5-7 酸性系列岩浆岩稀土元素球粒陨石标准化配分型式

（标准化数据据Taloy et al.，1985）

（a）黄尖组火山岩；（b）杨梅湾花岗岩；（c）花岗斑岩

花岗斑岩的 $\sum REE$ 含量范围为 $406.63 \times 10^{-6} \sim 429.31 \times 10^{-6}$,平均 421.17×10^{-6};$\sum LREE$ 和 $\sum HREE$ 变化范围分别为 $380.21 \times 10^{-6} \sim 402.80 \times 10^{-6}$ 和 $25.54 \times 10^{-6} \sim 26.95 \times 10^{-6}$,均值分别为 394.81×10^{-6}、26.36×10^{-6};LREE 显著大于 HREE,LREE/HREE 比值范围为 $14.39 \sim 15.44$,平均为 14.98。数据显示,花岗斑岩 4 个样品的稀土元素含量及特征值基本相近,稀土元素球粒陨石配分曲线相互重叠,吻合性好,体现为 LREE 强烈富集的向右陡倾型(图 5 - 7c),La_N/Yb_N 比值平均为 19.4。Eu 中等亏损,δEu 变化范围为 $0.33 \sim 0.40$。

对上述新路盆地酸性系列 3 个单元比较可见,从黄尖组火山岩(早期)、杨梅湾花岗岩到花岗斑岩(晚期),稀土元素地球化学特征存在以下规律性变化特点:

1)总体而言,$\sum REE$ 含量、$\sum LREE$ 含量、LREE/HREE 比值逐渐增大,$\sum HREE$ 含量递减,即轻稀土富集程度逐步增强。

2)Eu 亏损程度递减,具体体现在上述 3 个单元的岩石 δEu 由 0.07 依次递增为 0.19、0.36。暗示新路地区中生代酸性岩浆系列演化过程,存在富 Eu 物质或深部幔源物质的参与,且参与程度逐步增强。

3)3 个岩石单元的 La_N/Yb_N 比值依次为 3.96、6.92、19.4,稀土元素配分曲线向右倾斜度依次增大,其中黄尖组为缓倾斜,而花岗斑岩为较陡倾斜状,说明轻重稀土分异程度逐步提高。

4)黄尖组火山岩和花岗斑岩的稀土元素总量及相关参数值域较窄,稀土元素配分曲线吻合性(再现性)好,而杨梅湾花岗岩的稀土元素相关特征值变化范围宽,其变化跨度范围大致涵括了黄尖组火山岩和花岗斑岩两者的值域区间。晚期花岗斑岩的配分曲线吻合性最高,说明其岩浆均一性最高。

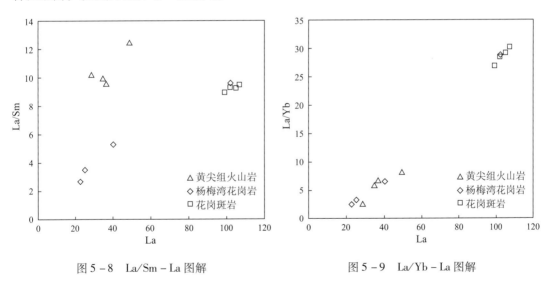

图 5 - 8　La/Sm - La 图解　　　　　　图 5 - 9　La/Yb - La 图解

La - La/Sm 图解显示(图 5 - 8),黄尖组火山岩、杨梅湾花岗岩和花岗斑岩大致有各自的分布范围,3 个单元均表现出正线性分布特点,而且杨梅湾花岗岩的部分投影点落在花岗斑岩区,杨梅湾花岗岩与花岗斑岩两个单元的样品投影点具有较好的线性变化趋势。据此认为,黄尖组火山岩岩浆演化进程可能相对独立,而杨梅湾花岗岩和花岗斑岩的岩浆演化过程中，不存在明显的岩浆结晶分异作用。在 La – La/Yb 图解上（图 5 – 9），上述 3 个单元的样品投影点构成良好的正相关关系；不同单元之间，随 DI 降低，LREE 持续增高（图 5 – 10）。在 δEu – Sm/Nd 图解中（图 5 – 11），杨梅湾花岗岩投影点跨度较大，酸性系列 3 个单元岩石的投影点构成了一条完好的双曲线，暗示新路盆地酸性系列岩浆岩的形成与演化具有混合作用特点。

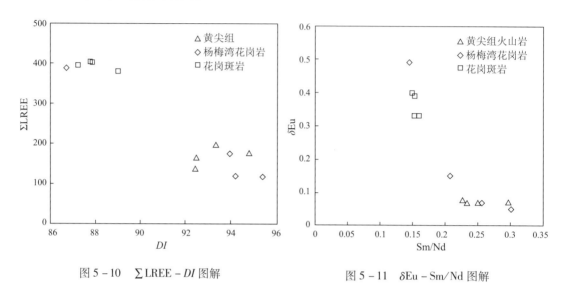

图 5 – 10　ΣLREE – DI 图解　　　　　　　　图 5 – 11　δEu – Sm/Nd 图解

综上得出以下初步看法：新路盆地酸性系列 3 个岩浆岩单元岩石成因存在内在联系；岩浆演化进程中表现出的轻稀土元素含量和 δEu 的持续明显同步增长、HREE 呈微递降特征，运用岩浆结晶分异作用显然难以解释，仅用部分熔融观点也不好说明不同单元之间相关参数的变化特征，可能是部分熔融和岩浆混合作用共同作用的结果。杨梅湾花岗岩的样品相关参数值和投影点跨度较大，涵盖了黄尖组火山岩和花岗斑岩两者的值域区间，体现出"承前启后"的特点，初步推测是杨梅湾花岗岩岩浆相对不均一性所致。

第四节　微量元素地球化学特征

黄尖组火山岩、杨梅湾花岗岩和花岗斑岩的分析结果见表 5 – 4，它们对应的球粒陨石标准化蛛网图见图 5 – 12。

黄尖组火山岩与花岗斑岩各自的微量元素含量基本稳定，不同样品之间配分曲线一致性好，而杨梅湾花岗岩不同样品之间则存在一定的变化范围。就微量元素蛛网图特征而言，黄尖组火山岩、杨梅湾花岗岩、花岗斑岩等 3 个单元，总体表现出相对富集大离子亲石元素 K、Rb 和高场强元素 Th、Ce、Hf、Sm，强烈亏损 Sr、Ba、P 和 Ti，高场强元素 Ta、Nb 呈现弱亏损，而且三者球粒陨石配分曲线形态具有相似性。上述微量元素特征及其相互之间具有的相似性，表明新路盆地酸性系列 3 个单元的岩浆岩具有相似的源区，而且源岩主要来自陆壳。

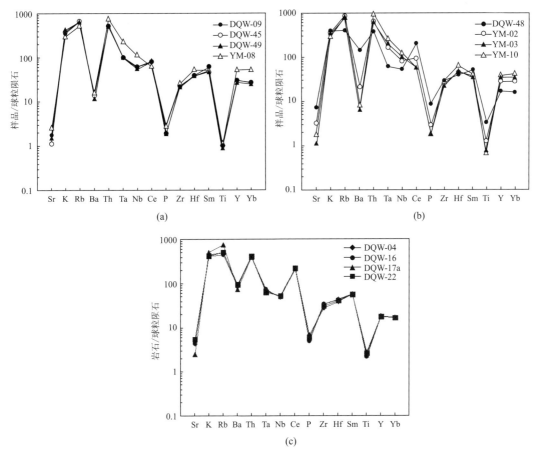

图 5 – 12　酸性系列岩浆岩微量元素球粒陨石标准化蛛网图

（标准化数据据 Thompson，1982）

（a）黄尖组火山岩；（b）杨梅湾花岗岩；（c）花岗斑岩

酸性系列岩浆岩微量元素在以下方面表现出的趋势变化特征则说明它们之间存在某种内在的成因演化联系。比较可见，从早期黄尖组火山岩到晚期花岗斑岩，Sr、Ba、P、Ti 等元素的相对亏损程度呈逐渐降低趋势，这种亏损程度的变化趋势与相应元素含量绝对值的逐渐增高是一致的。前述研究表明，由黄尖组、杨梅湾花岗岩到花岗斑岩的 P_2O_5、TiO_2 组分含量表现出逐渐递增趋势，说明具有成因联系的 3 个单元在岩浆演化过程，基本不存在上部地壳物质的混染作用或者说混染没有起到主导作用；上述 3 个单元岩石的 Sr 元素含量平均值依次为 20.7×10^{-6}、39.6×10^{-6}、48.5×10^{-6}，Ba 元素含量平均值依次为 97.4×10^{-6}、301.5×10^{-6}、581.3×10^{-6}，同样表现出递增的趋势。花岗斑岩的蛛网图中 Ta、Nb 元素的相对亏损程度似有增大的特点，究其原因发现，花岗斑岩的 Ta、Nb 元素含量平均值分别为 1.36×10^{-6} 和 17.5×10^{-6}，与杨梅湾花岗岩和黄尖组火山岩的大致相近；黄尖组火山岩的 Ce 元素平均含量为 67.9×10^{-6}，杨梅湾花岗岩和花岗斑岩则分别为 91.9×10^{-6} 和 185.3×10^{-6}，可见花岗斑岩中 Nb、Ta 的相对亏损谷其实是 Ce 含量显著增加所致。据此认为，Sr、Ba、P、Ti 和 Ce 等元素含量的变化大致体现了新路盆地酸性

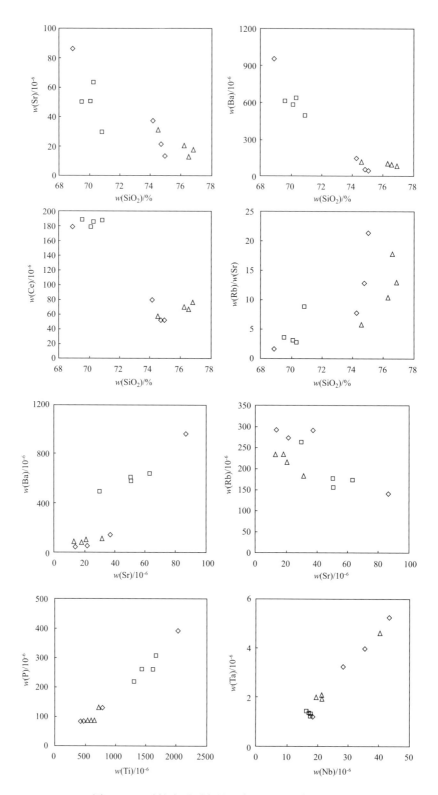

图 5 – 13　酸性岩系列主量元素和微量元素相关图

△黄尖组；◇杨梅湾；□花岗斑岩

系列岩浆岩演化过程化学组分的变化特点，在一定程度可以反映岩浆岩的成因及其演化特征。

SiO$_2$ 与 Sr、Ba、Ce 相关图解显示（图 5 – 13），除杨梅湾花岗岩投影点分布范围较宽外（该分布特点与前述相关图解特征相似），黄尖组火山岩和花岗斑岩均有各自分布的区域，三者之间表现出良好的线性关系，暗示 3 个单元岩浆岩存在成因演化联系。这种成因联系同样在 Sr – Ba、Sr – Rb 和 Ti – P 等微量元素相关图解得以体现（图 5 – 13），酸性系列 3 个岩石单元投影点有可区分的各自投影区域，不同单元之间则均存在较好的线性变化趋势。由此可以初步证实上述 3 个单元岩石之间存在成因演化联系推断的正确性。

分析认为，黄尖组的 Sr、Ba、P、Ti 等元素的强烈亏损，说明黄尖组火山岩源岩来自地壳，是地壳物质部分熔融的产物，而且火山岩源区熔融过程存在斜长石、磷灰石和钛铁矿的残留。杨梅湾花岗岩和花岗斑岩中 Sr、Ba、P、Ti 等元素亏损程度表现出的递降特点，与前述从黄尖组火山岩、杨梅湾花岗岩到花岗斑岩的 Eu 亏损强度递降是一致和相互对应的。导致杨梅湾花岗岩，特别是花岗斑岩中上述元素亏损程度降低的可能原因有二，一是部分熔融程度增大，导致部分斜长石、磷灰石和钛铁矿等残留矿物开始熔融；二是深部幔源物质的参与所致。元素地球化学理论表明，随着部分熔融程度的加大，由此产生的熔体（岩浆）中相容元素（如 HREE）浓度会迅速增加，而不相容元素（如 LREE）浓度则变化相对较小，进而导致熔体中的 LREE/HREE 比值会逐渐降低（赵振华，1997），而这种结果与前述杨梅湾花岗岩、花岗斑岩的 LREE 含量、LREE/HREE 比值明显较黄尖组火山岩要高的地球化学事实是相矛盾的，由此可否定前一种原因所致的可能。前述讨论可知，除辉绿岩和黄尖组中 Ce 元素含量大致相近外，代表本区中生代岩石圈地幔的辉绿岩中含有更高的 Sr、Ba、P、Ti 等元素含量，P 在地幔中属不相容元素，Ba、Sr 属于大离子亲石元素；Ce 在地壳中是亏损的，而在地幔岩矿物中的分配系数多小于 0.01（Hanson，1980），在地幔岩的部分熔融作用过程中会在熔体中富集；当熔体与上部岩浆发生混合作用时，可以导致衍生的岩浆中上述元素浓度的增加。据此认为，导致从黄尖组、杨梅湾花岗岩到晚期的花岗斑岩中 Sr、Ba、P、Ti、Ce 等元素含量逐渐增高、亏损程度递降的原因最有可能是后者，即杨梅湾花岗岩和花岗斑岩在岩浆形成与演化过程中存在深部幔源物质参与，从而表明新路盆地中生代岩浆作用与壳幔作用存在密切关系，且有理由推测随岩浆作用演化，深部幔源物质参与程度逐渐加强，这是导致酸性系列岩浆岩中晚期形成的花岗斑岩中幔源物质所占比例增多的主要原因。

图 5 – 14 为酸性系列岩浆岩不相容元素比值 – 比值系列图解。在 Rb/Sr – Sr 图解中，酸性系列 3 个岩浆岩单元的投影点呈现典型的双曲线分布；在 Ce/Yb – Sm/Eu 图解中，3 个单元的投影点也表现出一定的弧形特征。对分母相同的微量元素比值 Nb/Ta – Hf/Ta 图解、Nb/Hf – Zr/Hf 图解、K/Ba – Rb/Ba 和 Ce/Yb – Eu/Yb 图解中，不同单元岩浆岩的样品投影点均表现出较好的线性关系，同时除杨梅湾花岗岩分布范围较宽外，黄尖组火山岩和花岗斑岩之间存在可区分的分布范围。上述特征也暗示新路盆地酸性系列岩浆成岩过程具有混合作用特征。

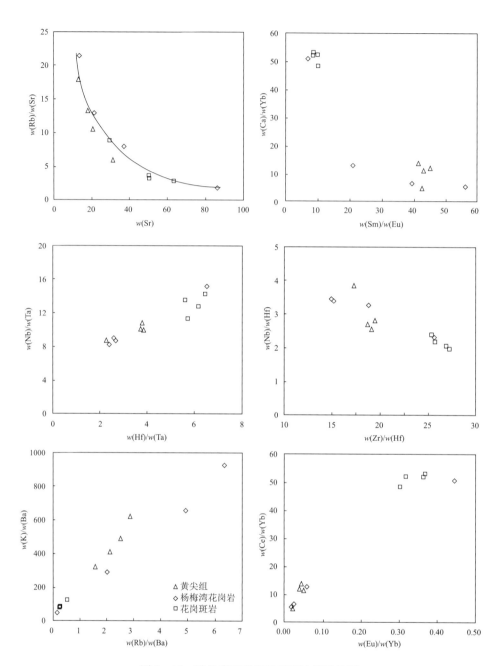

图 5－14　酸性岩系列微量元素比值相关图

△黄尖组；◇杨梅湾花岗岩；□花岗斑岩

第五节　Sr、Nd、Pb 同位素地球化学

一、Sr、Nd 同位素

表 5－5 为新路盆地酸性系列岩浆岩的 Rb－Sr 同位素分析结果，同时也列出了基于岩石成岩年龄计算得到的 I_{Sr} 和 $\varepsilon_{Sr}(t)$ 值。

表 5 – 5 　新路盆地酸性系列岩浆岩 **Rb – Sr** 同位素分析及 I_{Sr} 计算结果

岩石单元	样品号	Rb/10^{-6}	Sr/10^{-6}	$^{87}Rb/^{86}Sr$	$^{87}Sr/^{86}Sr$	年龄/Ma	I_{Sr}	ε_{Sr}
黄尖组火山岩	DQW – 09	57.7	7.87	21.2091	0.752385	127	0.71410	138.4
	DQW – 45	234	14.4	46.9222	0.798795	127	0.71409	138.4
	YM – 08	251	32.9	22.1370	0.741075	127	0.70112	– 45.9
均值							0.71410	138.4
杨梅湾花岗岩（白菊花尖）	DQW – 48	137	86.8	4.5637	0.716846	122.5	0.70890	64.5
	YM – 02	275	38.6	20.6300	0.748236	122.5	0.71232	113.1
	YM – 10	281	23.3	34.9394	0.777981	122.5	0.71715	181.7
	5003	137.23	140.04	2.8370	0.714230	122.5	0.70929	70.0
均值							0.71192	107.3
花岗斑岩	DQW – 04	176	52.1	9.7523	0.726819	125	0.70949	72.9
	DQW – 16	153	52.6	8.4364	0.724990	125	0.71000	80.2
	DQW – 17a	255	30.6	24.1881	0.754665	125	0.71169	104.2
均值							0.71039	85.8

注：5003 样品数据引自 1 : 25 万金华市幅区域地质调查报告，其余数据来本书。分析单位：核工业北京地质研究院分析测试中心。检测方法与依据：EJ/T 692 – 92 岩石矿物铷锶等时年龄测定；EJ/T 546 – 91 岩石矿物钐钕等时年龄测定。仪器型号：ISOPROBE – T 热电离质谱仪。误差以 2σ 计。计算参数：$(^{87}Sr/^{86}Sr)_{UR} = 0.7045$，$(^{87}Rb/^{86}Sr)_{UR}$ $= 0.0827$。

　　由表 5 – 5 显示，黄尖组火山岩除 YM – 08 号样品存在较大反差外，其余 2 个样品的锶初始（I_{Sr}）值趋于一致，I_{Sr} 值为 0.71410；杨梅湾花岗岩的 I_{Sr} 值变化范围为 0.70890 ~ 0.71715，平均值为 0.71192；花岗斑岩的 I_{Sr} 值变化区间为 0.70949 ~ 0.71169，均值为 0.71039。比较而言，杨梅湾花岗岩 I_{Sr} 值值域较宽，黄尖组火山岩与花岗斑岩则较为集中。新路盆地酸性系列 3 个单元岩浆岩的 I_{Sr} 值具有相似性，均高于全球原始地幔的锶初始值（I_{Sr}）估算值（0.7045 ~ 0.7052），也显著低于大陆地壳的 I_{Sr} 值（0.72 ~ 0.74，Rollison，2000）。由早期黄尖组火山岩、杨梅湾花岗岩到晚期花岗斑岩，I_{Sr} 均值明显呈递降的趋势；与之相类似，黄尖组火山岩、杨梅湾花岗岩和花岗斑岩的 ε_{Sr} 平均值分别为 138.4、107.3、85.5，同样表现出 ε_{Sr} 特征值逐渐递降的趋势。上述 3 个单元岩石 Sr 同位素特征参数值的变化特点，与黄尖组火山岩、杨梅湾花岗岩和花岗斑岩中 Rb/Sr 比值的变化特点（依次为 11.82、10.95 和 4.55）是相一致的。分析认为，以上新路盆地酸性系列岩浆岩 3 个单元岩石相关参数值特征，说明 3 个单元岩浆岩的源岩物质具有地壳物质和地幔物质混合特点，且具有相似的物质来源；Rb/Sr 比值、I_{Sr} 值和 ε_{Sr} 值体现出的同步降低的变化趋势，显然仅仅靠地壳物质熔融是难以形成的，需要在岩浆形成与演化过程有更低的 Rb/Sr 比值和锶初始（I_{Sr}）值的物质持续参与，由此暗示岩浆演化过程存在地幔物质的参与，进而推测新路盆地中生代岩浆作用与壳幔作用存在密切的成因关系。

　　表 5 – 6 显示，黄尖组火山岩、杨梅湾花岗岩和花岗斑岩的 Sm/Nd 比值分别为 0.202、0.167 和 0.121，呈现出逐渐递减的特点。黄尖组火山岩的 $(^{143}Nd/^{144}Nd)_i$ 值和 $\varepsilon_{Nd}(t)$ 值，分别为 0.512154 ~ 0.512189（均值 0.512171）和 – 5.6 ~ – 6.2（均值 – 5.9）；杨梅湾花岗岩和花岗斑岩的 $(^{143}Nd/^{144}Nd)_i$ 值分别为 0.512181 ~ 0.512277（0.512229）、

$0.512155 \sim 0.512199$（0.512183），$\varepsilon_{Nd}(t)$ 值分别为 $-4.0 \sim -5.8$（-4.9）、$-5.4 \sim -6.3$（-5.7）。可见，新路盆地黄尖组火山岩、杨梅湾花岗岩和花岗斑岩的（$^{143}Nd/^{144}Nd$）$_i$ 值和 $\varepsilon_{Nd}(t)$ 值存在一定的变化，如黄尖组火山岩具有相对较低的（$^{143}Nd/^{144}Nd$）$_i$ 值，杨梅湾花岗岩和花岗斑岩较之略有升高。总体而言，3 个单元岩石的（$^{143}Nd/^{144}Nd$）$_i$ 值和 ε_{Nd} 值表现出大致相似但略有升高的趋势，说明 3 个单元岩石的 Nd 同位素组成基本一致，而 Sm/Nd 比值递降趋势则十分明显。

表 5-6　新路盆地酸性系列岩浆岩 Sm-Nd 同位素分析及 ε_{Nd} 计算结果

岩石单元	样品号	$\dfrac{Sm}{10^{-6}}$	$\dfrac{Nd}{10^{-6}}$	$\dfrac{^{147}Sm}{^{144}Nd}$	$\dfrac{^{143}Nd}{^{144}Nd}$	年龄 Ma	（$^{143}Nd/^{144}Nd$）$_i$	$\varepsilon_{Nd}(t)$	T_{2DM}	Sm/Nd
黄尖组火山岩	DQW-09	6.93	36.0	0.1164	0.512251	127	0.512154	-6.2	1431	0.193
	DQW-45	9.59	52.3	0.1110	0.512281	127	0.512189	-5.6	1376	0.183
	YM-08	7.65	33.2	0.1392	0.512285	127	0.512169	-6.0	1407	0.230
均值							0.512171	-5.9	1404	0.202
杨梅湾花岗岩	DQW-48	8.05	67.6	0.0721	0.512262	122.5	0.512204	-5.4	1357	0.119
	YM-02	5.72	34.8	0.0995	0.512334	122.5	0.512254	-4.4	1278	0.164
	YM-10	6.19	28.0	0.1337	0.512384	122.5	0.512277	-4.0	1242	0.221
	5003	9.95	60.45	0.0996	0.512261	122.5	0.512181	-5.8	1394	0.165
均值							0.512229	-4.9	1318	0.167
花岗斑岩	DQW-04	8.54	72.0	0.0717	0.512258	125	0.512199	-5.4	1362	0.119
	DQW-16	8.39	69.0	0.0735	0.512215	125	0.512155	-6.3	1432	0.122
	DQW-17a	8.54	70.0	0.0738	0.512256	125	0.512196	-5.5	1368	0.122
均值							0.512183	-5.7	1387	0.121

注：5003 样品数据引自 1:25 万金华市幅区域地质调查报告，其余数据来自本书。分析单位：核工业北京地质研究院分析测试中心。检测方法与依据：EJ/T 692-92 岩石矿物铷锶等时年龄测定；EJ/T 546-91 岩石矿物钐钕等时年龄测定。仪器型号：ISOPROBE-T 热电离质谱仪。误差：以 2σ 计。

计算参数：（$^{143}Nd/^{144}Nd$）$_{CHUR}$ = 0.512638，（$^{147}Sm/^{144}Nd$）$_{CHUR}$ = 0.1967，（$^{143}Nd/^{144}Nd$）$_{DM}$ = 0.513151，（$^{147}Sm/^{144}Nd$）$_{DM}$ = 0.2137，（$^{147}Sm/^{144}Nd$）$_{CC}$ = 0.118。

前人研究表明，岩石中的 Sm/Nd 比值主要决定于岩石的成因或源岩，在随后的变质、重熔过程中一般不会发生变化或变化很小（章邦桐等，1993）。上述随岩浆演化进程，岩石的 Sm/Nd 比值明显递降，喻示岩浆演化过程存在有较低的 Sm/Nd 比值的物质混入。造成黄尖组火山岩、杨梅湾花岗岩和花岗斑岩的（$^{143}Nd/^{144}Nd$）$_i$ 值和 $\varepsilon_{Nd}(t)$ 值基本一致，而 Sm/Nd 比值递减的可能原因包括 3 个方面，其一是 Sm 是一个长寿命放射性元素，半衰期很长（$T_{1/2} = 1.06 \times 10^{11}$ a），Sm/Nd 比值的降低不至于导致其衰变产物 ^{143}Nd 的明显递减；其二，亏损地幔通常具有较高的 Sm/Nd 比值（0.36，Sun et al.，1989），而富集地幔则相对低得多（Weaver，1991；Zindler，1986）。在岩浆演化过程如存在深部富集地幔物质的参与，形成的岩浆岩的 Sm/Nd 比值会相应地降低。换个角度而言，新路酸性系列岩浆岩表现出 Sm/Nd 比值递降现象，暗示了中生代岩浆演化过程存在壳幔作用，有富集地幔物质的持续参与程度，且随时间在源区熔融形成的岩浆中幔源组分所占比例逐渐增加。

第三，Nd^{3+}离子半径较 Sm^{3+} 的大，因而 Nd^{3+} 的离子键较 Sm^{3+} 的离子键易于断裂，导致岩石部分熔融形成的硅酸盐熔体中，Nd 相对于 Sm 富集而导致 Sm/Nd 比值降低。综上作出如下推测：3 个岩石单元 Nd 同位素的相似性，说明新路盆地中生代酸性系列岩浆岩具有相似的壳源物质源区特征；岩石中 Sm/Nd 随时间演化依次递降的现象，则反映了在岩浆演化过程中，深部存在壳幔作用且发生了壳幔物质的混合作用，Sm/Nd 比值递降是壳幔混合作用中幔源物质比例增加的具体体现。持续的壳幔作用是岩浆作用与演化的热动力源泉。

二、Pb 同位素

本次工作对黄尖组火山岩和花岗斑岩开展了 Pb 同位素研究工作，测试结果列于表5–7。

表 5–7　Pb 同位素组成分析结果（$w_B/10^{-6}$）

岩石单元	样品号	铀含量	钍含量	铅含量	$^{206}Pb/^{204}Pb$	$^{207}Pb/^{204}Pb$	$^{208}Pb/^{204}Pb$
黄尖组火山岩	DQW–09	3.84	22.0	41.4	18.243	15.579	38.537
	DQW–45	4.95	21.0	15.9	18.536	15.564	38.845
花岗斑岩	DQW–04	3.19	16.8	66.1	18.125	15.542	38.303
	DQW–17a	7.38	16.6	11.2	18.950	15.575	38.950

注：分析单位：核工业北京地质研究院，分析仪器为 ISOPROBE–T 热电离质谱仪，分析误差以 2σ 计。

结果显示，新路盆地早期喷发形成的黄尖组火山岩（浅紫色晶屑玻屑熔结凝灰岩）的 Pb 同位素组成如下：$^{208}Pb/^{204}Pb = 38.537 \sim 38.845$，平均值 38.691，$^{207}Pb/^{204}Pb = 15.564 \sim 15.579$，平均值 15.572，$^{206}Pb/^{204}Pb = 18.243 \sim 18.536$，平均 18.390。晚期侵入形成的花岗斑岩 $^{208}Pb/^{204}Pb = 38.303 \sim 38.950$，平均值 38.627，$^{207}Pb/^{204}Pb = 15.542 \sim$

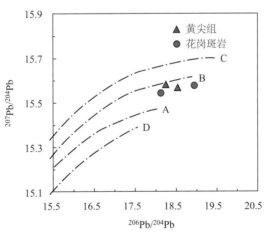

图 5–15　新路盆地火山岩 Pb 构造模式图解

（据 Doe et al.，1979）

A—地幔；B—造山带；C—上地壳；D—下地壳

15.575，平均值 15.559，$^{206}Pb/^{204}Pb = 18.125 \sim 18.950$，平均 18.538。比较可见，两个单元岩石的 Pb 同位素值域基本一致，表明新路盆地黄尖组火山岩与花岗斑岩两者具有相似源区特征。在 Pb 构造模式演化图上（图 5 - 15），两个单元样品的数据点投影区相互叠置，均位于上地壳演化线之下，地幔演化线之上，与造山带演化线接近，暗示岩浆作用与造山带构造环境及深部地幔存在一定的成因联系，可能是在造山带构造背景下地壳物质与幔源物质相互混合的产物。其寓意与前述 Nd 同位素体现的成因意义是一致的。

第六节　酸性系列岩浆岩物质来源与成因类型

一、物质来源分析

关于研究区中生代酸性系列火成岩的物质来源，目前主要有两种不同的观点：一是认为壳 - 幔混合来源（李兆鼐等，2003；浙江省地质矿产局，1989；王一先等，1997；胡永和等，1997）；另一种观点认为是地壳部分熔融的产物（沈渭洲等，1999；陈江峰等，1992）。其中的壳源部分，则通常认为扬子地块和华夏地块中生代岩浆岩物质来源与构造单元及其相应的基底变质岩相关，是“就地取材”的产物，即扬子地块中生代岩浆岩主要由基底变质岩双溪坞群，而华夏地块岩浆岩主要由陈蔡群变质岩衍生而来。本书研究得出了与以上观点不同的认识。

一般认为，火成岩的 Nd 模式年龄通常可近似代表它们源岩的地壳存留年龄。现有研究表明，地壳岩石的 Sm/Nd 分馏会对计算的 Nd 模式年龄产生十分明显的影响，甚至会给出不合理的或负的年龄值（沈渭洲等，1989）。为了减少因 Sm - Nd 同位素分馏对 Nd 模式年龄（T_{DM}）计算值产生的影响，因此，本书采用两阶段模式（Chen et al.，1998）计算岩石 Nd 同位素模式年龄（T_{2DM}）。

新路火山盆地酸性系列岩浆岩 T_{2DM} 计算结果列于表 5 - 6。结果显示，黄尖组的 T_{2DM} 年龄介于 1376 ~ 1431 Ma，平均为 1404 Ma；杨梅湾花岗岩的 T_{2DM} 变化范围为 1242 ~ 1394 Ma，平均 1318 Ma；花岗斑岩的 T_{2DM} 区间值为 1362 ~ 1432 Ma，平均值 1387 Ma。可见，新路盆地酸性系列岩浆岩 3 个单元具有大致相近且一致性较好的 T_{2DM} 值，由此可推测新路盆地酸性系列岩浆岩的物质来源有相似性，其源岩物质主要与在地壳中已存留约 1242 ~ 1432 Ma（中值为 1365 Ma）的物质存在成因联系。

区域地质研究表明，大约在 1000 ~ 900 Ma 之间，华夏地块向西推移并与扬子地块开始碰撞对接（陈跃辉等，1998），至晋宁运动末期（~ 800 Ma），华夏地块与扬子地块在江山 - 绍兴断裂一带完成碰撞对接，两者构成联合古陆（凌洪飞等，1993）。位于江山 - 绍兴断裂带以北的扬子地块，在浙西北段最古老的岩石为双溪坞群，目前较为一致的观点认为双溪坞群大约是在 9 ~ 10 亿年前的新元古代形成的；在赣西北段与之相对应的地层称之为双桥山群，绝大多数年龄数据也处于 818 ~ 1113 Ma 之间（Sm - Nd 等时线）（徐备，1990；马长信，1990；陈思本，1988；凌洪飞等，1993）。位于江山 - 绍兴断裂带以南的华夏地块，最古老的地层为陈蔡群，变质程度高（中 - 高级角闪岩相），原岩形成时代在不同地段尚存在较大的争议，如诸暨地区的陈蔡群原岩可能形成于 1400 ~ 900 Ma 前（徐步台等，1988），浙西南地区的陈蔡群变质岩，原岩可能主要是在 1400 Ma 和 2000 ~ 1800

Ma 两个时期内形成（章邦桐等，1993），普遍的观点是，陈蔡群形成的时代要早于双溪坞群，为中元古代及其以前产物。比较可见，新路火山盆地早白垩世形成的酸性系列岩浆岩的 Nd 模式年龄（中值 1365 Ma），明显大于双溪坞群形成时代，与浙西南陈蔡群变质岩形成时代较为接近，由此推测酸性系列岩浆岩的源岩物质可能与陈蔡群相关。

理论研究表明，岩石中的 Sm/Nd 比值、Nd 同位素主要决定于岩石的成因或源岩物质，在随后的变质、重溶过程中一般不会发生变化或变化很小（章邦桐等，1993），对研究岩浆岩源岩具有良好的示踪意义。为了证实上述推测，本书从 Nd 同位素特征角度开展了酸性系列岩浆岩物质来源的论证工作。

前文研究表明，黄尖组的 Sm/Nd 比值为 0.202，与华南地区元古宇副变质岩的平均 Sm/Nd 比值（0.201）和华夏地块浙西地区的陈蔡群片麻岩的 Sm/Nd 比值（0.221）（沈渭洲等，1993）十分相似，而与正变质岩（平均 0.256）差异显著，也与扬子地块基底变质岩双溪坞群虹赤村组岩石的 Sm/Nd 比值（0.15，王正其，未发表）存在明显不同。说明黄尖组火山岩的源岩可能与陈蔡群关系密切，与双溪坞群虹赤村组可能关系不大。

据凌洪飞等（1999）研究表明，华夏地块范围内出露的陈蔡群基底变质岩大致包括 3 类，一类是以斜长角闪岩为代表的变火成岩，其在中生界黄尖组形成时（按 $T = 127$ Ma，下同）的 $\varepsilon_{Nd}(t)$ 值计算，斜长角闪岩为 7.3 ~ -3.3，平均 -0.5；另一类是以片麻岩为代表的变质沉积岩，ε_{Nd} 值为 -8.4 ~ -2.7，平均为 -5.1；第三类是片岩和石英岩，$\varepsilon_{Nd}(t)$ 值为 -24.5 ~ -13.1，平均 -19.9。浙西北扬子地块出露的双溪坞群基底变质岩，其中细碧角斑岩在 $T = 127$ Ma 时的 $\varepsilon_{Nd}(t)$ 值为 -4.3 ~ 5.3（平均 -0.3），双溪坞群虹赤村组变质沉积岩 $\varepsilon_{Nd}(t)$ 值区间为 -3.1 ~ -4.2（$T = 127$ Ma，王正其，未发表）。本次研究得到的黄尖组火山岩的 $\varepsilon_{Nd}(t)$ 值范围为 -5.6 ~ -6.2，均值 -5.9。考虑到可能的地幔物质混入，那么与之有成因联系的壳源物质 ε_{Nd} 值只有可能小于上述值（原因是地幔物质 ε_{Nd} 值要较地壳物质的高）。由此可见，新路盆地酸性系列岩浆岩的 $\varepsilon_{Nd}(t)$ 值变化范围与扬子地块基底变质岩双溪坞群的区别明显，也与陈蔡群的斜长角闪岩、片岩和石英岩的 $\varepsilon_{Nd}(t)$ 值域差别较大，而与陈蔡群成熟度较高的副变质岩片麻岩的 $\varepsilon_{Nd}(t)$ 基本一致。

基于上述不同单元地质体 $\varepsilon_{Nd}(t)$ 值域限定各自的 Nd 同位素演化域，据此作 $\varepsilon_{Nd}(t)$ - T 图解。图解表明（图 5 - 16），新路盆地中生代酸性系列岩浆岩的投影点远离扬子地块双溪坞细碧角斑岩演化域和相山斜长角闪岩演化域，也明显偏离双溪坞群浅变质岩演化域，均落在华夏地块陈蔡群 Nd 同位素演化域内，说明新路盆地酸性系列岩浆岩的源区物质可能与陈蔡群变质沉积岩相关。该认识印证了前述由酸性系列岩浆岩模式年龄（T_{2DM} 值）得出的推论，也与 Sm/Nd 比值特征寓意一致。扬子地块在浙西北地区发育的基底地层双溪坞群变质程度甚低（绿片岩相），其地质演化过程显然未曾达到中或下地壳深度，说明扬子地块基底变质岩双溪坞群直接构成中生代岩浆岩物质来源的可能性不大，在一定程度上也为上述推论提供了佐证。

前述的主量元素、微量元素，特别是酸性系列岩浆岩 Sr 同位素规律性变化特征业已显示，新路盆地中生代岩浆演化过程存在深部幔源物质的参与。据此，对新路盆地酸性系列岩浆岩的物质来源可得出如下推断：新路盆地中生代酸性系列岩浆岩源岩物质具有壳-幔源混合来源特征，其壳源组分主要来自华夏地块在浙西北地区发育的陈蔡群片麻岩，但在岩浆形成过程存在幔源物质（K、Sr 等）的混合，而且在晚期岩浆作用中，幔源物质参

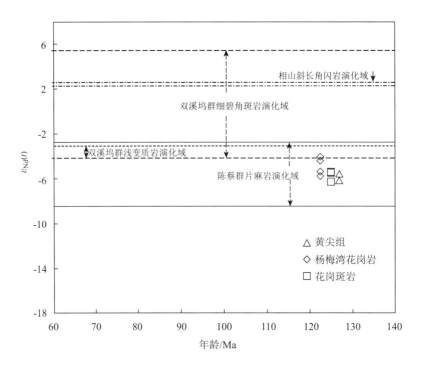

图 5 - 16　新路盆地岩浆岩 $\varepsilon_{Nd}(t)$ $-T$ 图解

（陈蔡群片麻岩、双溪坞细碧角斑岩演化域据沈渭洲等（1999）数据确定；相山斜长角闪岩演化域据
胡恭任等（1998）数据确定，双溪坞浅变质岩演化域据王正其（未发表））

与程度及物质组分所占比例明显增加，是中生代壳幔作用的结果和产物。

　　新路盆地在大地构造位置上隶属于扬子地块，而陈蔡群为华夏地块发育的变质基底。据此，本书进一步推测在扬子地块和华夏地块两大块体在碰撞拼贴之后，扬子地块在新路地区的下地壳已被华夏地块的变质基底陈蔡群替换，由此也揭示了发生于 1000 ~ 900 Ma 时期或其后的扬子地块与华夏地块之间的陆陆碰撞，具有华夏地块向扬子地块下部俯冲的动力学特点。

二、构造环境与成因类型讨论

　　在 Batchelor 等（1985）提出的构造环境 R1 - R2 判别图解上（图 5 - 17），新路盆地中生代酸性系列岩浆岩位于非造山区的 A 型花岗岩、地壳熔融 - 同碰撞 S 型花岗岩和造山期后 A 型花岗岩的过渡地带，远离典型的碰撞造山带花岗岩区。与之相对应，在 Pearce 等（1984）提出的构造环境微量判别图解中（图 5 - 18），新路盆地酸性系列岩浆岩总体位于板内花岗岩区。

　　新路盆地中的劳村组和寿昌组中，夹有红色碎屑岩沉积，说明新路火山盆地伴随着的红盆的形成与演化；岩浆演化早期产物为超酸性，随时间基性成分逐渐增多。由此，认为新路盆地中生代酸性系列岩浆岩形成于非造山或造山期后的拉张构造环境。

　　20 世纪 70 年代以来，自从 Chappell 等（1974）和 White 等（1977）提出 S 型和 I 型，Loiselle 等（1979）提出 A 型和 Pitcher（1979，1983）提出 M 型花岗岩以来，这种分类方

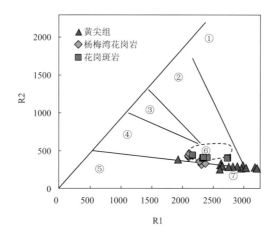

图 5 – 17 酸性系列岩浆岩构造环境 R1 – R2 判别图

(据 Batchelor et al., 1985)

①幔源花岗岩（M 型花岗岩）；②板块碰撞前消减地区花岗岩（I 型科迪勒拉花岗岩）；③板块碰撞后隆起花岗岩（I 型加里东花岗岩）；④造山晚期 – 晚造山期花岗岩；⑤非造山区的 A 型花岗岩；

⑥地壳熔融花岗岩 – 同碰撞（S 型）花岗岩；⑦造山期后的 A 型花岗岩

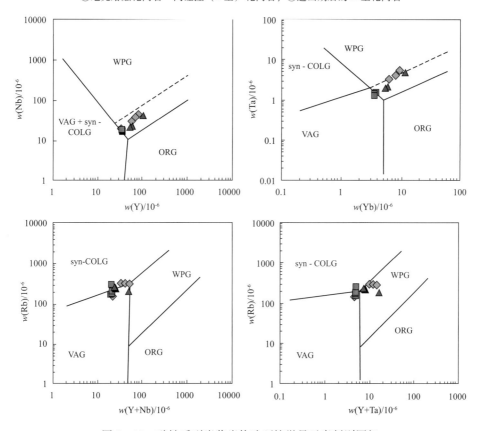

图 5 – 18 酸性系列岩浆岩构造环境微量元素判别图解

(据 Pearce et al., 1984)

syn – COLG—同碰撞花岗岩；VAG—火山弧花岗岩；WPG—板内花岗岩；ORG—洋脊花岗岩

▲黄尖组；◆杨海湾花岗岩；■花岗斑岩

案在广大研究者中得以广泛利用。通常将上述 4 种类型的分类方案在成因上与特定的构造环境联系起来，认为由于不同的成因类型与地质构造环境有着密切的联系，不同地质构造环境，往往提供不同的源岩组合，花岗质岩浆作用过程也不同。实际工作中通常是依据岩石地质地球化学特征建立起来的相关图解，作为不同成因类型花岗质岩浆岩的有效判别标志，从而达到甄别构造环境和岩浆作用特点的研究目的。然而，由于花岗质岩浆地球化学特征影响因素众多，不同的地质作用过程往往可以使得一种特定源岩形成具有相似或不同岩石地球化学特征，使得无法获得准确的岩石成因与岩浆深部过程信息，由此也引发针对某个地质体成因类型不同观点的争论。关于工作区以及与工作区处于相似构造环境的赣杭构造带中生代火山岩的成因类型也有较大的争议，存在 S 型、I 型和 A 型等不同观点（浙江省地质调查院，2005；范洪海，2001；李兆鼎等，2003；肖庆辉等，2002；沈渭洲等，1999）。

典型的 S 型花岗岩是指一种过铝质岩石，以含白云母、堇青石、石榴子石等过铝质矿物和标准刚玉为特征，其源区来自上地壳沉积岩类；I 型花岗岩是偏铝质到过铝质，在矿物组成上，不含过铝质和过碱质矿物，黑云母和角闪石是其主要的镁铁质矿物，含磁铁矿副矿物，源岩主要来自中基性火成岩及其变质产物；S 型和 I 型花岗岩主要产于碰撞造山带。M 型花岗岩多呈偏铝质，属拉斑玄武岩系列，主要是地幔来源；A 型是指富含钾长石的花岗岩，强调其主要形成于非造山或造山后拉张环境和具有碱性、无水、铝质的成分特点。从岩石系列来看，I 型和 S 型主要是钙碱性系列或高钾钙碱性系列，M 型属于拉斑玄武岩系列，A 型属于碱性系列。

黄尖组火山岩、杨梅湾花岗岩和花岗斑岩三者之间在矿物学组成、岩石化学特征方面表现出的相似性和变化的趋势性特点，是一套相似地质作用机制下的系列产物，相互之间存在密切的内在成因联系，可作为一个整体来讨论其成因类型。

新路盆地酸性系列岩浆岩具有如下地球化学：岩石 SiO_2 含量变化范围较宽（77.78% ～ 68.9%），由黄尖组火山岩、杨梅湾花岗岩体到花岗斑岩表现出逐渐降低的趋势，为一套高钾、贫钙的碱性系列岩石，其中 AR 主要介于 2.58 ～ 5.39，$K_2O + Na_2O$ 高，含量范围介于 7.16% ～ 9.41%，K_2O/Na_2O 比值高（1.27 ～ 3.59），且表现出岩石中碱质和 K_2O/Na_2O 比值随时间逐渐递增趋势。岩石总体属弱过铝质（$A/CNK = 0.95 ～ 1.38$），表现为随时间 Al_2O_3 含量弱增加而 A/CNK 递降的变化特点；CIPW 标准矿物计算结果中，3 个单元不同程度地出现了刚玉分子。稀土配分模式表现为轻稀土富集型，出现显著的 Eu 亏损（$\delta Eu\ 0.07 ～ 0.40$），相对富集大离子亲石元素和高场强元素；较低的 $^{87}Sr/^{86}Sr$ 初始值（0.70112 ～ 0.71715）和 $\varepsilon_{Nd}(t)$ 值（$-4.0 ～ -6.3$），前者变化较宽。钾长石是主要造岩矿物之一，除出现少量的黑云母外，岩石中均未出现白云母、堇青石、石榴子石等富铝矿物，可见榍石、磁铁矿等副矿物。

分析认为，在 $SiO_2 - AR$ 图解中（图 5 - 3），新路盆地酸性系列 3 个单元的岩石投影点均一致地落在碱性区，据此可与典型的"钙碱性"I 型花岗岩区分开来；$Na_2O - K_2O$ 图解是常用的 I、S 和 A 型花岗岩的区分图解，所有投影点均远离 I 型花岗岩区（图5 - 19）；结合酸性系列岩浆岩岩石强烈的 Eu 亏损、富碱、低 $^{87}Sr/^{86}Sr$ 初始值和 ε_{Nd} 值等特征，可以排除系列岩浆岩归属 M 型和 I 型花岗岩的可能性。根据酸性系列岩石具有 A/CNK 值普遍大于 1.1、CIPW 标准矿物中普遍出现刚玉分子且大于 1.0，暗色矿物少，岩石分布面积大等特点，以及源岩主体来自壳源物质的认识，似应将其归为 S 型花岗岩，然而这一看法未能在矿物学特征上得到支持，也与酸性系列岩浆岩形成的构造环境认识相悖；前述研究得到的岩浆作用过程明显有幔源物质参与的证据和认识也与 S 型花岗岩不符，却表现出类似于 I 型花岗岩的物质来源特点。相反，酸性系列岩浆岩具有的高 SiO_2 含量，富碱高钾贫钙、富集高强场元素、低 $^{87}Sr/^{86}Sr$ 初始值和 $\varepsilon_{Nd}(t)$ 值，岩石中存在大量的钾长石，并存在榍石、磁铁矿等副矿物，未出现白云母、董青石、石榴子石等富铝矿物等特点，则显示出与 S 型花岗岩的明显区别，而接近于 A 型花岗岩特点。此外，酸性系列岩浆岩的 Rb/Nb 比值范围介于 4.51 ~ 14.97 之间，明显较世界上 S 型花岗岩的 Rb/Nb 比值平均值（18.85）要低得多，而介于 A 型花岗岩（4.57）和 I 型花岗岩（14.91）区间范围，也显示出与 S 型花岗岩的显著差异。而酸性系列岩浆岩未见钠质角闪石、未表现出富铁趋势等特征，则又体现出与典型 A 型花岗岩的区别。

新路盆地酸性系列岩浆岩的这种似"S"又似"A"或"I"型花岗岩的特点，在一系列花岗岩成因类型判别图解中也可见一斑。如在酸性岩系列 $Na_2O - K_2O$ 判别图解中（图 5 - 19），样品投影点明显跨越 S 型和 A 型花岗岩区；在 Le Maitre（2002）提出的 Q - A - P 图解中（图 5 - 20），所有的样品投影点均落入 A 型花岗岩区；在 Whalen 等（1987）总结提出的系列微量元素判别图解中（图 5 - 21），绝大多数投影点均位于 A 型与 S 型花岗岩的过渡部位，同样也无法很好的区分和表征新路盆地酸性系列岩浆岩的成因类型归属。

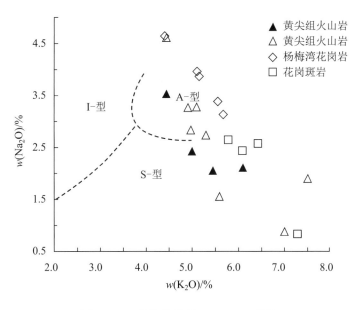

图 5 - 19　酸性岩系列 $Na_2O - K_2O$ 图解

（△数据来自 1：25 万区调报告，其余为本书数据）

从岩浆物质来源角度，虽然说新路盆地酸性系列岩浆岩的源岩主要与下地壳陈蔡群片麻岩关系密切，但来自岩石圈地幔物质的参与及混合作用同样不可忽视，从这个角度而

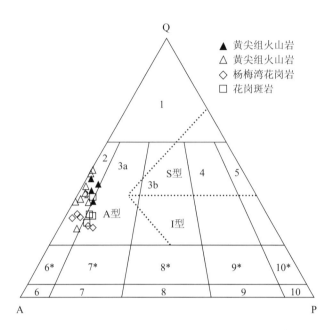

图 5 – 20　酸性系列岩浆岩的 Q – A – P 图解

（据 Le Maitre，2002）

Q（石英）为 CIPW 标准矿物中的石英含量，A（碱性长石）和 P（斜长石）为 CIPW 标准矿物中的 Or、Ab 和 An 含量按 Le Maitre（1976）方法换算，$A = Or \times (Or + Ab + An)/(Or + An)$，$P = An \times (Or + Ab + An)/(Or + An)$。1—富石英流纹岩（富石英花岗岩）；2—碱长流纹岩（碱长花岗岩）；3a—流纹岩（花岗岩）；3b—流纹岩（二长花岗岩）；4—花岗闪长岩；5—英安岩（英云闪长岩、斜长花岗岩）；6*—碱长石英粗面岩（碱长石英正长岩）；7*—石英粗面岩；8*—石英安粗岩（石英二长岩）；9*—石英粗安岩（石英二长闪长岩）；10*—石英安山岩（石英闪长岩）；6—碱长粗面岩（碱长正长岩）；7—粗面岩（正长岩）；8—安粗岩（二长岩）；9—粗安岩（二长闪长岩）；10—安山岩、玄武岩（闪长岩、斜长岩、辉长岩、苏长岩）；图中虚线为 Bowden 等（1982）确定的 A 型、S 型和 I 型花岗岩分界线

言，或许将其归属于 A 型花岗岩更为合适。由此认为，新路盆地中生代酸性系列岩浆岩既非典型的 S 型花岗岩，也不属于典型的 A 型或 I 型花岗岩。造成这种现象的原因与其本身固有的岩浆成因机制相关（详见第八章）。换句话而言，传统的 4 种花岗岩成因类型（S、I、A、M）不能很好地表征新路盆地中生代酸性系列岩浆岩的地球化学特征及其成因特征。

前述已知，新路盆地中生代酸性系列岩浆岩具有的如下地质地球化学特征：属碱性岩石系列，钾长石是其主要矿物成分，K_2O 含量、$K_2O + Na_2O$ 含量及 K_2O/Na_2O 比值高，TiO_2 含量低，贫铁。K 质含量高是酸性系列岩浆岩本身固有而非后期热液蚀变带入所致。在 $SiO_2 – K_2O$ 图解中（图 5 – 22），酸性系列岩浆岩样品投影于钾玄岩系列区或与高钾质钙碱性岩石系列范围分界线附近，在 AFM 图解中（图 5 – 23），所有样品则落入钙碱性系列区，且没有表现出富 Fe 趋势，可与 Morrison 总结的钾玄岩系列地球化学特征相类比。说明可将新路盆地酸性岩浆岩归属于钾玄质岩石系列。由此可见，酸性系列岩浆岩成因类型与前述讨论的来自岩石圈地幔的辉绿岩具有一致的成因类型归属，也表明两者之间存在内在的成因联系。

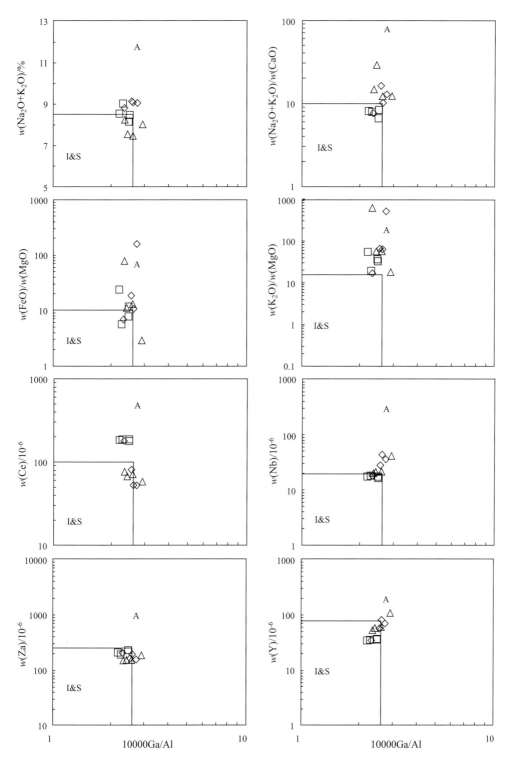

图 5 – 21　酸性岩系列岩石类型判别图

（据 Whalen et al.，1987）

△黄尖组火山岩；◇杨梅湾花岗岩；□花岗斑岩

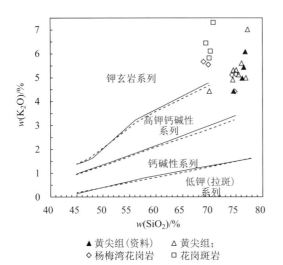

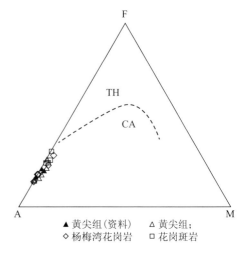

图 5 - 22　SiO₂ - K₂O 图解

（△数据据 1∶25 万区调报告，其余为本书数据）

图 5 - 23　AFM 图解

（△数据据 1∶25 万区调报告，其余为本书数据）

第六章　新生代超基性岩地球化学特征

第一节　地质与岩石学特征

超基性岩产于研究区南部的衢州白垩纪红盆中，主要分布于龙游的虎头山、衢州的西山下村一带。在大地构造位置上，位于江山－绍兴深大断裂带北侧扬子地块的南缘，空间上分布受区域性北东向构造控制（图6－1）。

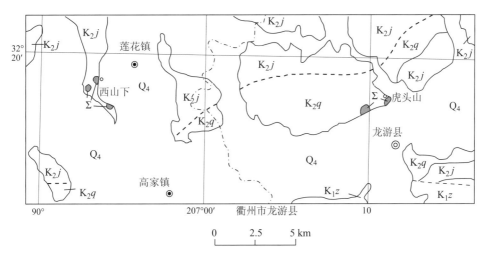

图6－1　新生代超基性岩体分布略图

Q₄—第四系；K₂q—衢县组；K₂j—金华组；K₁z—中戴组；Σ—超基性岩体

衢州红盆是浙江省最大的中生代盆地——金衢盆地的一部分，形成于早白垩世晚期，至晚白垩世末期消亡。白垩纪金衢盆地的形成机制应是早白垩世晚期之后的南北两侧对拉，区域伸展裂陷构造环境下的产物。盆内快速充填了沉积岩序列或火山－沉积岩序列，由下到上，依次发育中戴组（K_1z，少许基性火山岩为特征）、金华组（K_2j）、衢县组（K_2q），沉积物以紫红色、鲜红色的内陆盆地碎屑岩沉积为特征。金衢盆地在新生代（喜马拉雅期）整体处于缓慢隆升过程。

超基性岩以岩筒或火山颈状产出，平面上近圆形，单个岩体面积较小，一般不大于0.02 km²，地貌上呈正地形。超基性岩体穿插于白垩纪衢州红盆金华组（K_2j）或衢县组（K_2q）盖层中（图6－1），与围岩之间呈现截然的侵入接触关系（图版3－1）。目前未见有该超基性岩体的同位素年龄报道，但根据超基性岩体穿切的地层层位（K_2），可以判断其为新生代岩浆活动产物。2005年由浙江省地质调查院完成的《1∶25万金华市幅区调地质调查报告》将其形成时代归属于为中新世。

研究区超基性岩岩石总体呈灰黑色或墨绿色，岩性包括橄榄二辉辉石岩、橄榄霞石云煌斑岩等两类。具体特征如下：

橄榄二辉辉石岩：具斑状结构，斑晶矿物为橄榄石、辉石（图版3-2，图版3-3），其中橄榄石粒径一般为0.15~0.5mm，有时以粒状集合体形式产出（图版3-4），辉石粒径为0.1~1.0 mm，以单斜辉石为主，次为斜方辉石（图版3-3）；基质由粒状橄榄石和柱状辉石、少量的板条状斜长石等微晶组成，具粒柱状结构（图版3-2，图版3-3）。矿物成分及其含量为：橄榄石25%±，辉石约60%±，斜长石7%±，另有较多的磷灰石、钛铁矿（图版3-5）等副矿物，两者含量约占10%，也可见尖晶石、黑云母、碳硅石，镁铝榴石和铬尖晶石等矿物。

橄榄霞石云煌岩：呈斑状结构、似煌斑结构，基质为微晶质结构或弱隐晶质结构（图版3-6，图版3-7）。斑晶矿物包括黑云母、辉石、橄榄石和霞石等，除霞石之外，其余矿物均比较自形。橄榄石常常具有集合体产出特点，细鳞片状橄榄石集合体外围一般存在单斜辉石环，外环辉石光性一致。基质主要为霞石、单斜辉石、橄榄石和黑云母，可见磷灰石副矿物和不透明矿物。组成矿物的含量如下：霞石25%±，黑云母15%±，辉石30%±，橄榄石20%±，副矿物和不透明矿物共计约10%。

两种岩性的超基性岩岩石通常遭受了一定程度的蚀变，主要有碳酸盐化、绿帘石化，个别伊丁石化。其中碳酸盐化、绿帘石化主要交代橄榄石和辉石（有时呈假象形式存在），有时也交代黑云母，有时被强烈交代呈假象形式存在。霞石有时蚀变为钙霞石或钙霞石与高岭土的混合物。霞石的出现表明岩石属碱性系列。黑云母为含水矿物，表明源区相对富水。

在该超基性岩中曾报道含有金刚石，又将其称之为"似金伯利岩"（汤文权等，2000）。金伯利岩通常被认为是来自深度较大的软流圈地幔产物。

表6-1和表6-2分别为上述两种岩性中的辉石、橄榄石等矿物电子探针分析和化学成分计算结果。结果显示，超基性岩辉石有单斜辉石和斜方辉石两种，其中单斜辉石主要属于钛次透辉石（图6-2），斜方辉石属于古铜辉石。橄榄石种属有贵橄榄石和镁橄榄石两种。依据辉石化学成分计算得到超基性岩的 $Mg^{\#}$ 介于72~78之间，显示出原生岩浆特点。

表6-1　超基性岩中辉石矿物化学成分电子探针分析结果

样品号	LY-01				LY-03					
岩性	橄榄二辉辉石岩				橄榄霞石云煌岩					
测点	1	2	3	4	5	6	7	8	9	10
SiO_2	48.81	51.26	48.64	49.92	46.86	47.67	47.94	46.05	48.54	44.83
TiO_2	0.1	0.11	0.11	2.04	3.84	3.31	3.28	3.85	2.92	5
Al_2O_3	2.86	2.83	2.82	4.21	6.76	5.63	5.91	6.74	5.58	7.7
FeO	18.99	18.7	18.85	7.72	7	6.86	6.84	7.51	6.63	8.27
MnO	0.39	0.38	0.42	0.16	0.04	0.02	0.1	0.08	0.04	0.09
MgO	26.41	26.21	26.52	13.64	12.58	13.36	13.3	12.59	13.45	11.68
CaO	0.3	0.35	0.32	20.25	21.03	21.21	21.09	20.61	21.07	20.77
Na_2O	0.02	0.03		0.48	0.51	0.48	0.5	0.49	0.44	0.63
K_2O		0.01			0.01		0.01	0.01	0.01	0.01

样品号	LY - 01				LY - 03					
岩性	橄榄二辉辉石岩				橄榄霞石云煌岩					
测点	1	2	3	4	5	6	7	8	9	10
总计	97.88	99.87	97.68	98.42	98.62	98.54	98.96	97.92	98.67	98.97
Si	1.8448	1.8853	1.8421	1.8786	1.7669	1.7973	1.7979	1.7544	1.8205	1.7016
Al（Ⅳ）	0.0028	0.1147	0.0031	0.1214	0.2331	0.2027	0.2021	0.2456	0.1795	0.2984
Al（Ⅵ）		0.008		00.0653	0.0673	0.0475	0.0592	0.0570	0.0672	0.0461
Ti	0.0028	0.0030	0.0031	0.0578	0.1089	0.0939	0.0925	0.1104	0.0824	0.1428
Fe^{3+}	0.2624	0.1528	0.2694			0.0037		0.0068		0.0203
Fe^{2+}	0.3248	0.4151	0.3143	0.2437	0.2211	0.2126	0.2147	0.2323	0.2085	0.2418
Mn	0.0125	0.0118	0.0135	0.0051	0.0013	0.0006	0.0032	0.0026	0.0013	0.0029
Mg	1.4880	1.4371	1.4973	0.7652	0.7071	0.7509	0.7436	0.7151	0.7520	0.6609
Ca	0.0122	0.0138	0.0130	0.8165	0.8496	0.8568	0.8475	0.8413	0.8467	0.8447
Na	0.0015	0.0021		0.0350	0.0373	0.0351	0.0364	0.0362	0.0320	0.0464
K		0.0005			0.0005		0.0005	0.0005	0.0005	0.0005
Wo	0.58	0.68	0.62	43.77	46.77	46.07	45.93	45.87	46.00	46.49
En	70.82	70.70	71.05	41.02	38.93	40.38	40.30	38.98	40.86	36.37
Fs	28.54	28.52	28.33	13.34	12.24	11.66	11.81	13.18	11.40	14.58
Ac	0.07	0.11		1.88	2.05	1.89	1.97	1.97	1.74	2.55
种属	古铜辉石	古铜辉石	古铜辉石	钛次透辉石	钛次透辉石	钛次透辉石	钛次透辉石	钛次透辉石	钛次透辉石	钛次透辉石
$Mg^{\#}$	72	72	72	76	76	78	78	75	78	72
P/GPa				0.8	1.7	1.3	1.4	1.8	1.3	2.1
T/℃				1225	1328	1283	1293	1330	1280	1368

表 6 - 2　超基性岩中橄榄石矿物化学成分电子探针分析结果

样号	测点	SiO_2	TiO_2	Al_2O_3	FeO	MnO	MgO	NiO	P_2O_5	CaO	Na_2O	K_2O	总量	Fo	Fa	Tp	种属
LY - 01	1	37.77		0.02	9.94	0.14	51.39	0.34	0.01	0.06	0.03	0.00	99.69	90.1	9.8	0.1	镁橄榄石
	2	38.5	0.09	0.02	18.88	0.32	43.55	0.19	0.08	0.28	0.03	0.00	101.93	80.2	19.5	0.3	贵橄榄石
LY - 03	3	37.58		0.02	10.35	0.16	51.12	0.38	0.02	0.07	0.00	0.00	99.70	89.7	10.2	0.2	贵橄榄石
	4	37.93	0.01	0.04	18.82	0.27	43.28	0.21	0.11	0.17	0.02	0.01	100.86	80.2	19.6	0.3	贵橄榄石

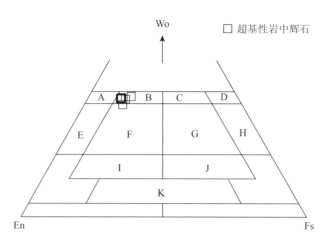

图 6 - 2　单斜辉石 Wo - En - Fs 分类命名图

（据 Morimoto et al. , 1988）

A—透辉石；B—次透辉石；C—铁次透辉石；D—钙铁辉石；E—顽透辉石；F—普通辉石；G—铁普通辉石；

H—铁钙铁辉石；I—贫钙普通辉石；J—贫钙铁普通辉石；K—易变辉石

第二节　主量元素与微量元素地球化学

一、主量元素

研究区中新世超基性岩主量元素分析结果列于表 6 - 3。

表 6 - 3　衢州盆地中新世超基性岩主量元素（$w_B/\%$）组成

	样号	LY - 01	LY - 02	LY - 03	乌 - 1[*]	乌 - 2[*]	乌 - 3[*]	虎 - 1[*]
主 量 元 素	SiO_2	39.07	40.78	37.25	40.6	40.35	41.92	44.32
	TiO_2	2.58	2.26	3.12	2.5	2.30	2.08	1.44
	Al_2O_3	11.68	11.96	12.15	9.94	12.20	9.70	11.55
	Fe_2O_3	6.55	5.45	5.49	4.92	3.98	3.59	9.19
	FeO	7.30	8.75	8.80	4.98	8.82	8.23	2.64
	MnO	0.16	0.16	0.16	0.18	0.19	0.17	0.21
	MgO	10.13	11.17	10.84	11.75	13.37	14.37	11.96
	CaO	9.63	9.73	10.58	11.03	11.23	10.39	9.58
	Na_2O	4.16	3.88	3.86	4.7	5.57	2.32	3.23
	K_2O	1.62	1.57	1.07	2.1	0.78	0.39	2.15
	P_2O_5	0.97	1.23	1.23	1.27	1.07	0.87	0.42
	烧失量	5.67	2.59	4.09				2.73
	总量	99.52	99.53	98.64	93.97	99.86	94.03	99.86
AR		1.74	1.67	1.55	1.96	1.74	1.31	1.68
Mg#		71.20	69.46	68.70	80.78	72.98	75.67	88.98

注：[*] 数据来源于 1 : 25 万金华幅区域地质调查报告。其余样品为本次研究成果，由核工业北京地质分析测试中心测试。

数据表明，衢州盆地中新世超基性岩岩石化学具有如下特点：SiO_2 介于 37.25% ~ 44.32%，平均40.61%。$K_2O + Na_2O$ 含量变化范围较宽，介于 2.71% ~ 6.80% 之间，平均 5.34%；K_2O/Na_2O 比值介于 0.17 ~ 0.67，平均 0.35。TiO_2 含量分布区间为 1.44% ~ 3.12%，平均 2.33%；Al_2O_3 含量区间为 9.7% ~ 12.15%；MgO 含量介于 10.13% ~ 14.37%，平均 11.94%；总体而言，超基性岩表现出富碱、高钛、高镁、低铝特征，A/CNK 值在 0.33 ~ 0.46 之间；碱度高，AR 值介于 1.31 ~ 1.96，平均值为 1.66，这与岩石中贵橄榄石和霞石矿物含量是一致的。$Mg^{\#}$ 值主要位于 68.70 ~ 75.67 之间，平均 73.13，与辉石单矿物的 $Mg^{\#}$ 值基本一致，同样显示原生岩浆特征。分异指数（DI）介于 20.58 ~ 34.41，平均为 29.05，说明岩浆分异作用不明显。$Mg^{\#}$ 与 SiO_2 含量、$Mg^{\#}$ 与 DI 之间没有表现出相关性（图略），说明超基性岩岩浆演化过程基本不存在明显的结晶分异作用。

在全碱硅图解（TAS 图解）中（图 6 - 3），数据投影点位于 Irvine 分界线上方或其附近，主要落于碱性岩的碱玄岩与副长石岩范围；在 $SiO_2 - AR$ 图解中（图 6 - 4），投影点位于过碱性系列区；在 $K_2O - Na_2O$ 图解中（图 6 - 5），投影点落在钠质系列区。可见，衢州盆地内发育的中新世超基性岩属过碱性、钠质岩浆系列。

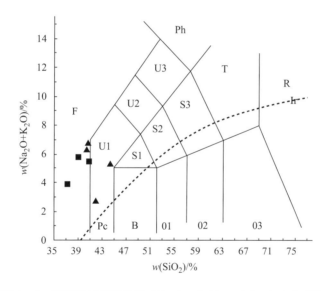

图 6 - 3　新路地区超基性岩（$Na_2O + K_2O$）$- SiO_2$（TAS）图解

（据 Le Maitre et al.，1989）

Pc—苦杆玄武岩；B—玄武岩；01—玄武安山岩；02—安山岩；03—英安岩；R—流纹岩；S1—粗面玄武岩；S2—玄武粗面安山岩；S3—粗面安山岩；T—粗面岩，粗面英安岩；F—副长石岩；U1—碱玄岩，碧玄岩；U2—响岩质碱玄岩；U3—碱玄质响岩；Ph—响岩；Ir—Irvine 分界线，上方为碱性，下方为亚碱性。■表示本项目研究样品，▲表示样品数据来自 1 : 25 万金华幅区调报告

二、微量元素

衢州盆地中新世超基性岩微量元素分析结果列于表 6 - 4。

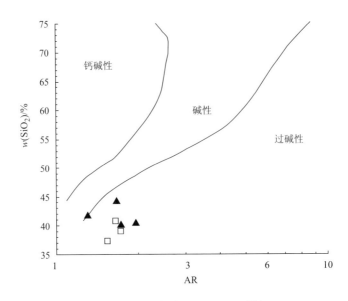

图 6 - 4 超基性岩 SiO_2 - Na_2O 图解

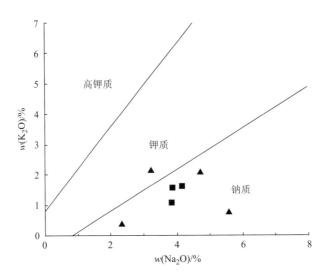

图 6 - 5 超基性岩 K_2O - Na_2O 图解

表 6 - 4 衢州盆地中新世超基性岩微量元素分析结果（$w_B/10^{-6}$）

样号	岩石单元	La	Ce	Pr	Nd	Sm	Eu	Gd	Tb	Dy	Ho	Er	Tm	Yb	Lu	Y
LY - 01	超基性岩	67.8	116	14.0	54.1	10.4	3.24	8.87	1.23	6.08	1.03	2.49	0.312	1.64	0.244	27.7
LY - 02	超基性岩	65.0	115	13.8	55.7	10.2	3.34	8.92	1.24	5.99	1.04	2.43	0.282	1.74	0.235	27.2
LY - 03	超基性岩	87.3	152	18.2	69.8	12.3	4.01	10.9	1.42	6.92	1.12	2.63	0.304	1.64	0.220	29.1

样号	岩性	Sr	Rb	Ba	Ta	Nb	Zr	Hf	Th	U	LREE	HREE	L/R	La$_N$/Yb$_N$	δEu	δCe
LY－01	超基性岩	1144	45.2	830	6.27	125	435	10.3	9.10	53.5	265.54	21.90	12.13	27.94	1.01	0.84
LY－02	超基性岩	1047	40.4	652	5.01	109	372	9.17	8.36	9.90	263.04	21.88	12.02	25.24	1.05	0.87
LY－03	超基性岩	1449	54.1	1140	8.13	163	554	13.4	11.3	7.55	343.61	25.15	13.66	35.97	1.04	0.86

注：样品分析测试工作由核工业北京地质研究院分析中心完成。分析方法为 ICP－MS。

结果显示，中新世超基性岩稀土元素表现出如下特征：ΣREE 含量高，变化范围介于 $284.92 \times 10^{-6} \sim 368.76 \times 10^{-6}$ 之间，平均值 313.71×10^{-6}。其中 ΣLREE 含量介于 $263.04 \times 10^{-6} \sim 343.61 \times 10^{-6}$，平均值为 290.73×10^{-6}；ΣHREE 含量变化范围为 $21.88 \times 10^{-6} \sim 25.15 \times 10^{-6}$，平均值 22.98×10^{-6}；ΣLREE/ΣHREE 比值为 $12.02 \sim 13.66$（平均值 12.60）；La$_N$/Yb$_N$ 值介于 $25.24 \sim 35.97$（平均值 29.72）。表明中新世超基性岩轻稀土元素显著富集，明显亏损重稀土元素，且轻重稀土元素之间存在明显的分馏现象。上述特征在超基性岩球粒陨石标准化稀土元素配分曲线上得到很好的体现（图 6－6），配分曲线呈现轻稀土富集型的、较大角度的"直线"向右陡倾型，明显区别于洋中脊玄武岩或亏损地幔的稀土配分曲线。不同样品配分曲线基本相吻合，说明不同样品之间稀土元素分馏程度基本一致，岩浆均一化程度高。各样品的 δEu 值基本一致，介于 $1.01 \sim 1.05$ 之间，平均 1.03，不存在 Eu 异常或亏损，表明超基性岩岩浆演化过程不存在斜长石的分离结晶作用。La$_N$/Sm$_N$ 值介于 $4.01 \sim 4.47$（平均值 4.19），Gd$_N$/Yb$_N$ 值介于 $4.15 \sim 5.39$（平均值 4.64），两者基本相近，说明轻稀土元素分馏程度与重稀土元素的分馏程度相似。

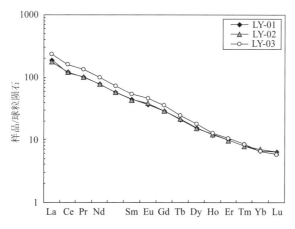

图 6－6　衢州盆地中新世超基性岩稀土元素球粒陨石标准化分布型式
（球粒陨石标准化数据据 Taloy et al.，1985）

实验研究显示，石榴子石具有较低的 Rb、Sr、Ba、K、轻稀土元素分配系数和较高的重稀土元素分配系数，且重稀土元素由 Gd 至 Lu 的分配系数显著增高（Rollison，2000；陈俊等，2004）。因此，依据超基性岩中显示显著的轻重稀土元素分馏、重稀土的亏损和随原子序数增加亏损程度增强等现象，可以推断衢州盆地中新世超基性岩岩浆源区存在明显的石榴子石残余矿物，处于石榴子石稳定相温压条件。

比较可知，衢州盆地中新世超基性岩稀土元素球粒陨石配分曲线型式，显著区别于大洋中脊玄武岩（N-MORB型），稀土元素丰度及其轻重稀土元素分馏程度明显要高于E-MORB型玄武岩。其稀土元素含量、分馏程度及其配分曲线类似于夏威夷 Kohala 火山和亚速尔（Azores）群岛发育的洋岛碱性玄武岩，暗示超基性岩源区具有富集型地幔特点。

地壳物质通常具有 Eu 亏损的特点。前述表明，衢州盆地中新世超基性岩 δEu 均大于1，未呈现亏损特征；研究也显示超基性岩不同样品 δEu 与 SiO_2 含量之间不存在相关性，说明超基性岩岩浆演化过程基本不存在地壳物质的混染。在 La/Sm-La 图解（图6-7）中，超基性岩样品数据投影点呈现出明显的正相关关系，而非水平演化趋势，由此可以排除存在明显分离结晶作用的可能性，而主要与部分熔融作用相关。

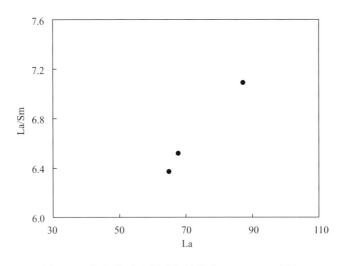

图6-7　衢州盆地中新世超基性岩 La/Sm-La 图解

事实上，超基性岩通常具有较低的岩浆黏度，岩浆在上升侵入过程中，其上升速率可大于481.8cm/s，这么快的速度将不可能在上升过程产生结晶分离和混染作用（莫宣学，1988）。衢州盆地超基性岩与上白垩统围岩之间呈截然的侵入接触关系也说明了这一点。结合超基性岩轻重稀土元素强烈的分馏特点，初步认为，衢州盆地的中新世超基性岩岩浆主要受制于部分熔融作用，而且可能是低程度部分熔融作用，演化过程基本不存在结晶分离和地壳物质混染，其稀土元素地球化学特征可以反映原始岩浆及其源区的性质。结合源区具有较多石榴子石残余相的特点，可大致推测其形成于压力较大的源区，形成深度大于70 km。

图6-8为衢州盆地中新世超基性岩的洋中脊玄武岩标准化微量元素蛛网图。

中新世超基性岩的洋中脊玄武岩标准化微量元素蛛网图显示如下特征：标准化曲线形态表现出左侧显著"隆起"，而右侧呈倾斜状，明显富集大离子亲石元素 Sr、K、Rb、Ba；高场强元素 Th、Ta、Nb、Ce、P、Zr 等富集强度显著大于 E-MORB；较大程度亏损

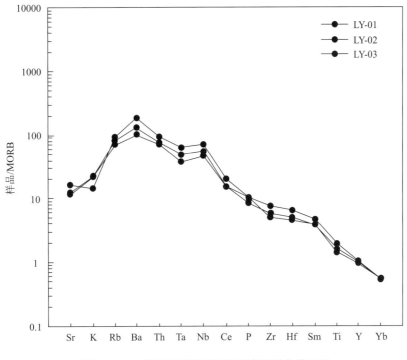

图 6 - 8   中新世超基性岩微量元素标准化蛛网图

(N - MORB 标准化数据据 Sun et al. , 1989)

重稀土元素 Y、Yb，暗示源区存在石榴子石矿物残留，与洋岛玄武岩（OIB）蛛网图具有十分相似的曲线形态（陈俊等，2004；Rollison，2000）。Nb、P、Ti 等元素在地壳中是亏损的，如果幔源岩浆受到地壳物质的混染，则上述元素会体现出一定的亏损现象。中新世超基性岩的 Ta、P 和 Ti 元素对两侧相邻元素基本未体现出相对亏损现象，元素 Nb 甚至表现出弱的相对正异常，表明超基性岩岩浆形成与演化过程基本未受到地壳物质的混染，也未受到源自地壳流体的交代作用。P 未体现出负异常，说明源区岩浆没有发生磷灰石的分离结晶作用，这与由前述稀土元素特征讨论得出的超基性岩岩浆主要是部分熔融作用产物的认识相吻合。

第三节   构造环境分析

依据玄武岩系列的相关图解进行判别衢州中新世超基性岩形成的构造环境。在 2Nb - Zr/4 - Y 构造环境图解（图 6 - 9a）中，超基性岩投影点位于 A1 区的上部边缘，表现出大陆板内碱性玄武岩特征；在 Ti/100 - Zr - 3Y 图解（图 6 - 9b）中，超基性岩落于 D 区的左侧界线附近；在 Zr/Y - Zr 图解中（图 6 - 9c），投影点位于 WPB 区（板内玄武岩）的上部。3 个图解寓意一致，即衢州盆地中新世超基性岩属于板内碱性玄武岩系列。此外，中新世超基性岩的 Hf/Th 比值变化范围为 1.10 ~ 1.19，平均值 1.14，类似于板内玄武岩（<8）（Condie K C，1989）；Th/Ta = 1.39 ~ 1.67，Ta/Hf = 0.55 ~ 0.61，与汪云亮等（2001）提出的大陆板内玄武岩的值（分别为 >1.6 和 >0.1）相一致。

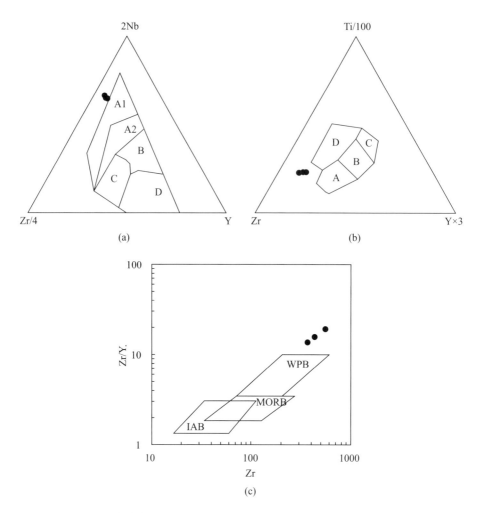

图 6 - 9　衢州中新世超基性岩 2Nb - Zr/4 - Y（a）、Ti/100 - Zr - 3Y（b）

和 Zr/Y - Zr（c）构造环境判别图解

（a 据 Meschede，1986；b 据 Pearce et al.，1973；c 据 Pearce et al.，1979）

图（a）：A1—板内碱性玄武岩；A2—板内碱性玄武岩，板内拉斑玄武岩；B—E - MORB；

C—板内拉斑玄武岩，岛弧玄武岩；D—N - MORB

图（b）：A—钙碱性玄武岩；B—MORB；C—岛弧拉斑玄武岩；D—板内玄武岩

图（c）：WPB—板内玄武岩；MORB—洋中脊玄武岩；IAB—火山弧拉斑玄武岩

　　相关研究学者一致的观点是，在印支期中 - 晚三叠世晚期，扬子地块和华夏地块在区域上已完全拼合成为一体并共同进入陆相演化阶段。上述观点与超基性岩形成于板内构造环境的认识相互吻合的。前述研究业已表明，新路盆地于约 93 Ma 侵入形成的辉绿岩是板内构造环境的产物，也与超基性岩形成环境相一致。由此说明，衢州地区在新生代基本继承了中生代以来区域构造演化特征，中生代以来岩浆作用具有相似的构造动力学背景，进而推测中生代以来区内不同阶段岩浆活动具有内在的成因联系。

第七章　岩浆作用与动力学机制

第一节　地幔组成与演化

分别依据新路盆地辉绿岩（93 Ma ± ）和衢州红盆中发育的超基性岩（中新世）来揭示衢州地区中生代和新生代地幔源区组成性质。

只有原生岩浆才能很好地示踪源区性质（邓晋福等，2004）。地球化学特征研究业已表明，新路火山盆地辉绿岩 Mg#值高（主要介于 65.5 ~ 76.83），单矿物辉石 Mg#值为 70 ~ 84，Sr、P 和 Eu 等元素在标准化蛛网图中没有表现出负异常，可以排除地壳物质混染的可能性，其演化过程除存在一定程度辉石的堆晶作用外，没有明显的结晶分异作用，辉绿岩的岩浆形成与演化主要受部分熔融作用制约。由此说明辉绿岩形成过程基本不存在化学组成的变异，其物质组成可以代表原生岩浆的化学组成，能够较好的应用于对地幔源区性质的示踪。

迄今地学界都将洋岛玄武岩视为来自核 – 幔过渡带的地幔柱物质的代表，大陆玄武岩是否来自深部富集地幔源区，一般都是通过与洋岛玄武岩的组成特征对比来确定。研究显示，辉绿岩具有如下地球化学特征：高稀土元素总量（ 155.00×10^{-6} ~ 206.00×10^{-6} ）；比较重稀土元素，辉绿岩轻稀土元素明显富集（ $\Sigma LREE/\Sigma HREE$ 比值 5.22 ~ 9.98，平均值 8.34），La_N/Yb_N 值为 4.55 ~ 13.36（平均值 9.73），无 Eu 亏损等特点；岩石微量元素洋中脊标准化蛛网图显示左侧显著 "隆起"，富含大离子亲石元素和不相容元素（K、Rb、Ba、Th、Ta、Ce 等），且随不相容性增强富集程度明显增强，表现出 OIB 型玄武岩地球化学组成特征。

在 $n(^{208}Pb)/n(^{204}Pb)$ ~ $n(^{206}Pb)/n(^{204}Pb)$ 关系图解中（图 7 – 1a），辉绿岩投影点落在富集地幔区（EMI + EMII）内。利用 $n(^{207}Pb)/n(^{204}Pb)$ ~ $n(^{206}Pb)/n(^{204}Pb)$ 图解可以较好地区分不同性质的地幔端元。如图 7 – 1b 所示，新路火山盆地辉绿岩位于富集地幔 EMII 端元与原始未分异地幔（BSE）或常规地幔（PREMA）之间，显著偏离亏损地幔源区（DMMA 或 DMMB），表现出 BSE 或 PREMA 与 EMII 地幔端元混合的 Pb 同位素特征。此外，辉绿岩数据投影点分布在零等时线的右侧和北半球参考线的上方，呈现明显的异常 Pb 的特征。Δ7/4Pb 和 Δ8/4Pb 是衡量地幔 Pb 同位素组成是否富放射性成因 Pb 以及富集程度的两个重要参数。计算表明，辉绿岩的 Δ7/4Pb = 6.0 ~ 9.2、Δ8/4Pb = 48.5 ~ 68.0、ΔSr = 70.73 ~ 87.04（表 4 – 7，4 – 9），完全符合 Hart（1984）给出的 Dupal 异常 Pb 的边界条件（分别为 Δ7/4Pb > 3；Δ8/4Pb > 10；ΔSr > 50），钾玄岩具有明显的 Dupal 异常 Pb 特点，表现出富集地幔（EMII）特征。

自 Hart（1984）提出 Dupal 异常以来，众多学者对异常 Pb 的成因开展了讨论。邢光福（1997）对异常 Pb 与地幔端元之间的关系专门撰文进行了讨论，认为 Dupal 同位素异

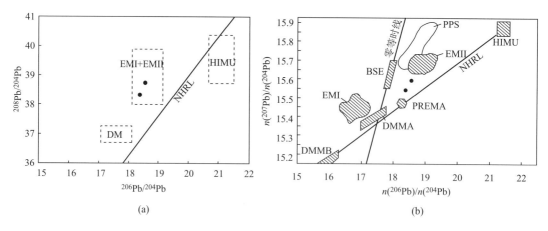

图 7-1　新路盆地辉绿岩 Pb 同位素图解

(a 据 Zindler et al., 1986; b 据 Chow et al., 1962)

NHRL—北半球参照线；DMMA 和 DMMB—亏损地幔；HIMU—高^{238}U/^{204}Pb 型地幔；EMI 和 EMII—富集型地幔；

BSE—原始未分异地幔；PREMA—常规地幔；PPS—太平洋远洋沉积物

常可直接形成于 EMI 地幔源区或 EM（EMI 和或 EMII）与 DM 的混合源区，但不可能直接形成于 DM、HIMU 或 EMII 型独立地幔源区。Hart（1988）也指出 Dupal 异常与 EMI 有相当的 Δ8/4Pb；另一方面，若 Dupal 异常产生于 DM、HIMU 或 EMII 型等地幔端元的混合源区，则 HIUM 应有极高的^{206}Pb/^{204}Pb 和极低的 Δ8/4Pb（< -20）而不能成为混合源区中的端元组分；DM 与 EMII 端元一定程度的混合是可以产生 Dupal 异常的（Hart，1988，1986）。据此可推测新路火山盆地中辉绿岩的形成可能与 EMII 型富集地幔关系更为密切。

Sr-Nd 同位素、Pb-Sr 同位素或 Pb-Nd 同位素相关图解也可以较好的区分不同性

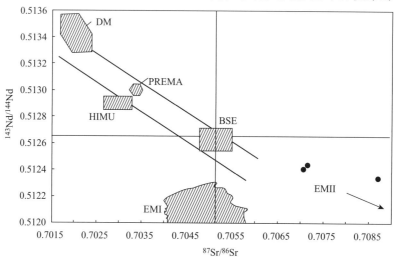

图 7-2　新路地区辉绿岩的 $n(^{87}\mathrm{Sr})/n(^{86}\mathrm{Sr})-n(^{143}\mathrm{Nd})/n(^{144}\mathrm{Nd})$ 图解

(据 Zindler et al., 1986)

DM—亏损地幔端元；HIMU—高^{238}U/^{204}Pb 型地幔端元；EMI 和 EMII—富集型地幔端元；

BSE—原始未分异地幔端元；PREMA—常规地幔端元

84

质的地幔端元（Zindler et al.，1986）。为进一步确认地幔源区性质，本次研究开展了 Pb－Sr－Nd 联合示踪工作。图 7－2 为 $n(^{87}Sr)/n(^{86}Sr)-n(^{143}Nd)/n(^{144}Nd)$ 图解，图解显示新路火山盆地辉绿岩数据点投影于富集象限，投影点落于原始未分异地幔（BSE）向 EMII 型转变的趋势线上，且更接近于 EMII 型富集地幔，与 Pb 同位素寓意一致；图解同时显示辉绿岩投影点没有表现出明显向右偏离地幔混合线的趋势，暗示辉绿岩岩浆形成过程不存在明显的再循环沉积物参与；地壳物质具有显著低 $^{143}Nd/^{144}Nd$ 值和显著高的 $^{87}Sr/^{86}Sr$ 值，辉绿岩数据投影点没有显示良好的负相关分布特点，表明辉绿岩较高的 $[n(^{87}Sr)/n(^{86}Sr)]_i$ 和相对较低的 $\varepsilon_{Nd}(t)$ 值不大可能是由辉绿岩岩浆上升过程发生的地壳物质混染所致，也印证和说明辉绿岩所体现的地球化学特征是其岩石圈地幔源区固有的特征，区内辉绿岩与 EMII 型端元地幔组分更具相似性。

图 7－3 和图 7－4 分别为 $^{87}Sr/^{86}Sr-^{206}Pb/^{204}Pb$ 图解和 $^{143}Nd/^{144}Nd-^{206}Pb/^{204}Pb$ 图解。两个图解分别呈现出相似的地球化学意义，即新路火山盆地辉绿岩数据点均投影于 EMII 富集地幔端元和原始未分异地幔（BSE）或 DM 地幔端元区间，但严重偏离 DM、HIMU 等地幔端元和洋中脊玄武岩（MORB）的同位素分布区域，未体现出上述端元之间的混合趋势，也没有明显表现出 EMI 地幔端元参与作用的特点，说明辉绿岩同位素组成与 DM、HIMU 等地幔端元和洋中脊玄武岩的同位素存在较大的差异，与前述的 Nd－Sr 同位素及 Pb 同位素组成特征体现的成因涵义相吻合，即辉绿岩同位素接近或类似于富集地幔（EMII 型）的同位素组成特征。

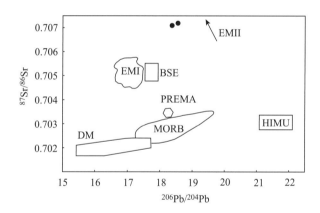

图 7－3　辉绿岩 $n(^{87}Sr)/n(^{86}Sr)-n(^{206}Pb)/n(^{204}Pb)$ 图解

（据 Zindler et al.，1986）

DM—亏损地幔端元；BSE—原始未分异地幔端元；EMI 和 EMII—富集地幔端元；HIMU—具有高 U/Pb 比值地幔端元；PREMA—主流（prevalent）地幔端元；MORB—洋中脊玄武岩的分布区

综上认为，辉绿岩的稀土元素和微量元素组成特征及其 Pb、Sr、Nd 同位素地球化学特征，共同指向一个认识，即辉绿岩地幔源区具有富集地幔特点，可以推断衢州新路地区在中生代的地幔源区显著区别于 DM 型地幔、HIMU 型地幔，而具有富集地幔源区性质，且可能与 EMII 型地幔端元性质更为相似。

由于对产于衢州红盆的中新世超基性岩未开展同位素测试工作，本书主要依据稀土元素和微量元素组成特征来识别衢州地区新生代地幔源区性质。

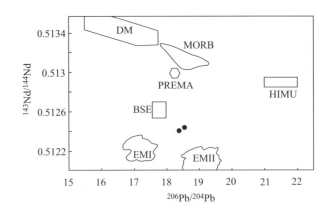

图 7 - 4　辉绿岩 $n(^{143}\mathrm{Nd}) / n(^{144}\mathrm{Nd}) - n(^{206}\mathrm{Pb}) / n(^{204}\mathrm{Pb})$ 图解

（据 Zindler et al. ，1986）

DM—亏损地幔端元；BSE—原始未分异地幔端元；EMI 和 EMII—富集地幔端元；HIMU—具有高

U/Pb 比值地幔端元；PREMA—主流（prevalent）地幔端元；MORB—洋中脊玄武岩的分布区

　　研究显示，超基性岩单矿物辉石的 $\mathrm{Mg}^{\#}$ 值介于 72 ~ 78 之间，超基性岩全岩的 $\mathrm{Mg}^{\#}$ 值位于 68.70 ~ 75.67 之间（平均值 73.13），两者一致显示原生岩浆特征；分异指数（DI）以及 $\mathrm{Mg}^{\#}$ 与 SiO_2、$\mathrm{Mg}^{\#}$ 与 DI 之间未表现出相关性，说明岩浆成岩过程基本不存在明显的结晶分异作用；岩石不存在 Eu 负异常或亏损，Nb、Ta、P 和 Ti 微量元素也没有亏损现象，说明超基性岩岩浆形成与演化过程基本未受到地壳物质的混染，也未受到源自地壳流体的交代作用；La/Sm – La 图解显示岩浆形成主要与部分熔融作用相关。上述特征表明，衢州红盆发育的中新世超基性岩在岩浆演化过程主要受部分熔融作用制约，基本不存在结晶分异和地壳物质的混染作用，其元素地球化学特征可以代表原生岩浆的化学组成，可以较好地示踪与其对应的地幔源区性质。

　　超基性岩具有的高稀土元素总量（平均值 290.73×10^{-6}）、轻稀土富集型（ΣLREE/ΣHREE 比值为 12.02 ~ 13.66）和高 $\mathrm{La_N}/\mathrm{Yb_N}$ 值（平均值 29.72）、重稀土元素明显亏损等地球化学特点，与亏损地幔（DM）形成鲜明的反差。标准化微量元素蛛网图显示为左侧显著 "隆起"、右侧呈倾斜状，明显富集大离子亲石元素 Sr、K、Rb、Ba；高场强元素 Th、Ta、Nb、Ce、P、Zr 等，且随元素不相容性增强，其富集程度明显增强。虽然大洋岛屿玄武岩（OIB）和 E – 洋中脊玄武岩（E – MORB）均可形成上述稀土元素配分曲线型式和微量元素蛛网图特征，但依据超基性岩较 E – MORB 型地幔明显高的稀土元素总量和高场强元素富集强度（E – MORB 地幔中 REE 总量低，一般为 $49.08 \times 10^{-6} \pm$；Sun et al.，1989），以及研究区中新世所处的构造地质背景，可以否定中新世超基性岩属于 E – MORB 的可能性，从而推断其源区性质具有富集地幔特征。

　　不相容元素比值可以较好地示踪地幔源区的性质（陈俊等，2004；张本仁，2002；Rollison，2000；赵振华，1997），因而可以运用不相容元素比值特征及相关图解对上述推断认识进行再检验。衢州盆地中新世超基性岩的特征不相容元素比值列于表 7 – 1。将超基性岩的特征不相容元素比值同 Weaver（1991）和 Hart 等（1992）给出的 OIB 各端元的相应元素比值进行对比，发现区内中新世超基性岩的 10 种微量元素比值变化范围及其平均值，基本落在 OIB 的 EMI 和 EMII 两端元相应元素对比值范围之内，而与 HIMU 地幔、亏损地幔（DM）、大陆地壳（CC）等端元值则存在较大差异，说明衢州中新世超基性岩的微量元素比值具有富集型（OIB）地幔特征。

表 7-1   超基性岩微量元素比值与壳、幔各端元对比

元素比值	原始地幔	亏损地幔（DM）	大陆地壳（CC）	洋岛玄武岩（OIB）			超基性岩（3）[*]	
				HIMU	EMI	EMII	范围	均值
Zr/Nb	14.82	30	16.2	27~5.5	3.5~13.1	4.4~7.8	3.40~3.48	3.43
La/Nb	0.98	1.07	2.2	0.64~0.82	0.78~1.32	0.79~1.19	0.54~0.60	0.56
Ba/Nb	9.11	4.3	54	4.7~6.9	9.1~23.4	6.4~13.4	5.98~6.99	6.54
Ba/Th	79.69	60	124	39~85	80~204	57~105	77.99~100.88	90.03
Rb/Nb	0.98	0.36	4.7	0.30~0.43	0.69~1.23	0.58~0.87	0.33~0.37	0.35
Th/Nb	0.11	0.07	0.44	0.07~0.12	0.09~0.13	0.10~0.17	0.07~0.08	0.07
Th/La	0.12	0.07	0.20	10~0.16	0.09~0.15	0.11~0.18	0.13	0.13
Ba/La	9.26	4.0	25	6.2~9.36	11.3~19.1	7.3~13.5	10.03~13.06	11.78
Nb/Ta	14	17.69	17.27	/	/	/	19.94~21.76	20.58
Sm/Nd	0.33	0.36	0.20	0.26[**]			0.18~0.19	0.18

注：[*] 本书数据，括号中为样品数；[**] 据 Sun et al.，1989；洋岛玄武岩数据引自 Weaver（1991）和 Hart et al.（1992）。

（据张本仁，2002）

在 La/Nb – Zr/Nb 图解中（图 7-5a），中新世超基性岩成分点落于 OIB 的 EMI 与 EMII 的左侧附近；在 Ba/Nb – Ba/La 图解中（图 7-5b），超基性岩成分点基本投影在 OIB 的 EMII 成分区范围附近；在上述图解中，中新世超基性岩投影点位置与亏损地幔（DM）和地壳成分投影范围偏离较远，且未表现出相关性，印证了前述衢州地区中新世超基性岩岩浆在形成与演化过程中不存在地壳物质的混染作用的认识，进一步论证了其形成过程主要受部分熔融作用制约，检验了中新世超基性岩源区属富集型地幔的认识的正确性。

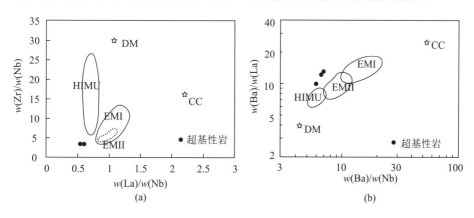

图 7-5   超基性岩微量元素比值图解

（据张本仁，2002）

DM—亏损地幔；CC—大陆地壳；HIUM—洋岛玄武岩的高 U/Pb 端元；EMI—洋岛玄武岩的 I 型富集端元；EMII—洋岛玄武岩的 II 型富集端元；端元组分的成分范围是根据 Weaver（1991）和 Hart et al.（1992）数据圈定的

上述分析表明，衢州地区中、新生代地幔源区性质具有相似性，均表现出富集地幔特征（可能更接近于 EMII 型地幔端元）。其中，发育于新路火山盆地内、成岩年龄约 93 Ma 的辉绿岩，代表了衢州地区（包括新路地区）中生代岩石圈地幔的物质组成，说明岩石圈地幔主要由一套碱性、富集轻稀土元素和大离子亲石元素的钾质玄武岩系列（钾玄岩）组成。衢州白垩纪红盆中发育的中新世超基性岩，代表了衢州地区新生代地幔源区的物质组成，地幔物质主要由一套碱性、强烈富集轻稀土元素和大离子亲石元素的钠质橄榄玄武岩系列组成。中新世超基性岩的矿物组成，以及其中发育金刚石的地质事实，表明其起源于软流圈。依据中新世超基性岩源区表现出的富集地幔性质，有理由推断衢州地区在中新世软流圈地幔同样具有富集地幔特征。

新路盆地辉绿岩属于钾玄岩系列，依据钾玄岩的形成地质条件，可以大致推断新路地区中生代时期地壳厚度应大于 40~67 km。结合超基性岩强烈的轻重稀土元素分馏特征，表明其源区部分熔融过程存在石榴子石矿物的残余，据此大致可推断超基性岩原始岩浆源区深度应大于 70 km。可见，中新世超基性岩的形成深度与中生代钾玄岩形成深度大致接近。由此说明，衢州地区地幔物质组成在中、新生代发生了明显的变化，中新世富钠质橄榄玄武岩的出现，喻示中生代大约 70 km 深部、由钾玄岩组成的岩石圈地幔，在中新世已被具有富集地幔特征的、来自软流圈的物质替代，岩石圈地幔物质组成发生了重大转变。

综上，本书作出如下进一步推断：衢州及新路地区中生代地幔具有上部为钾质玄武岩系列构成的岩石圈地幔和下部为钠质橄榄玄武岩系列构成的软流圈地幔构成的"两层"地幔结构，岩石圈地幔和软流圈地幔均为富集型地幔；软流圈表现出的富集特征，与地球演化过程壳幔分异所致的软流圈应具有的"亏损"特点形成显著反差，暗示软流圈下部或更深部位存在有以轻稀土和大离子亲石元素为特征的"富集物质流"持续上涌，从而为衢州地区中生代壳幔演化及其岩浆作用可能与地幔柱热点构造活动有关提供了重要证据。

第二节　中生代岩浆作用深部过程反演

长期以来，虽然人们已经注意到一个相对独立的火山盆地构造单元内，往往存在酸性火山岩、花岗岩、花岗斑岩和基性岩系列的共生与演化现象，但并未深究其原因，具体研究中也多将它们之间相互割裂，未用相互联系的整体系统观点来探讨岩浆作用及其成因机制。孤立地从某个阶段岩浆岩获得的岩浆作用信息是有限的，甚至是片面的。岩石地球化学变化趋势是岩浆作用过程和特点的结果与反映，反映的岩浆作用成因信息更为全面与客观，据此可以较好地反演深部岩浆作用过程。

本次研究工作将共生于新路火山盆地的黄尖组火山岩、杨梅湾花岗岩、花岗斑岩和辉绿岩等视为一个岩浆系统演化过程在不同阶段形成的代表性产物，以岩石地球化学的动态演化特征为研究主线，开展新路盆地中生代岩浆作用与深部过程的探讨工作（王正其等，2011，2013a）。

一、岩石类型与主量元素演化趋势

概括之，新路火山盆地中生代岩浆作用过程中，岩石类型与主量元素地球化学表现出以下演化趋势特征：

（1）中生代岩浆作用表现出酸性岩酸性程度递降，并向基性岩转变的演化趋势

在新路火山盆地中，代表早期岩浆作用产物的黄尖组熔结凝灰岩 SiO_2 含量最高，平均为 76.06%（74.57% ~ 76.83%），其后形成的杨梅湾花岗岩的 SiO_2 含量平均为 73.23%（68.90% ~ 75.01%），花岗斑岩 SiO_2 平均含量为 70.19%（69.52% ~ 70.85%）；晚期岩浆作用以辉绿岩的侵入为特征，其 SiO_2 含量均值为 46.53%（44.0% ~ 50.09%）。可见，新路盆地中生代岩浆作用形成的系列岩石，在 SiO_2 含量特征上体现出明显的变化趋势，早期岩浆以超酸性为特征，后期形成的岩浆岩酸性程度（SiO_2 含量）渐次递降，晚期则侵入形成基性脉岩。从盆地演化早期到晚期，岩浆作用呈现出依次由酸性逐渐向基性演化的发展趋势。

（2）酸性系列岩石的总碱（$K_2O + Na_2O$）、K_2O 含量及 K_2O/Na_2O 比值明显递增，而 Na_2O 含量变化趋势不明显

具体表现在，黄尖组火山岩、杨梅湾花岗岩和花岗斑岩的 $K_2O + Na_2O$ 含量范围（均值）分别为 7.42% ~ 8.23%（7.78%），8.81% ~ 9.06%（8.99%），8.13% ~ 9.01%（8.53%）；与之相对应，黄尖组火山岩、杨梅湾花岗岩和花岗斑岩的 K_2O/Na_2O 比值范围（均值）分别为 0.79 ~ 2.88（2.10），0.95 ~ 1.81（1.35），2.21 ~ 8.80（4.01）。上述 3 个单元的 Na_2O 含量分别为 0.87% ~ 3.52%，3.13% ~ 4.64%，0.83% ~ 2.63%，变化区间相互重叠，变化趋势不明显。说明新路盆地中生代岩浆作用过程，伴随着钾质组分明显递增的演化趋势。

（3）Al_2O_3、CaO、FeO、MgO、P_2O_5、TiO_2 等氧化物含量具有趋势性递增趋势

图 7-6 表明，新路火山盆地中生代岩浆作用在不同阶段形成的岩浆岩（黄尖组、杨梅湾花岗岩、花岗斑岩、辉绿岩），相关氧化物对应的投影点具有各自相对集中分布的范围，体现为"跳跃性"演变特点，同时也表现出一定的趋势性变化特点，即在岩浆作用逐渐由超酸性向弱酸性、基性的演化进程中，岩石中 Al_2O_3、CaO、FeO、MgO、P_2O_5、TiO_2 等氧化物含量总体表现出逐渐递增的变化趋势。图解显示不同单元岩浆岩的投影点基本落在一条趋势线上，且晚期岩浆岩的投影点总是落在辉绿岩与较早期酸性岩浆岩投影点趋势线之间，酸性系列岩浆岩氧化物含量，随时间演化的趋向一致的指向辉绿岩。

岩浆分异作用不会导致不同阶段形成的岩浆岩氧化物含量之间的"跳跃性"演变特点。氧化物含量同时表现出"跳跃性"和趋向辉绿岩的趋势性演变特征，说明深部辉绿岩岩浆对酸性系列岩浆岩形成与演化过程起着重要的制约作用，暗示岩浆作用具有混合作用特点，而且阶段性演化过程形成的新生岩浆中，辉绿岩岩浆组分参与和贡献的程度依次增强。

（4）中生代岩浆作用具有由高钾系列，向钾玄质系列及钾玄岩系列转变的演化特征

与岩石中 K_2O 和 Na_2O 含量变化特征相类似，在 $SiO_2 - K_2O$ 图解中（图 5-22，图 4-18），早期形成的黄尖组火山岩投影点落在高钾钙碱性系列区和钾玄质区的过渡位置，较晚期形成的杨梅湾花岗岩和花岗斑岩几乎全部投影在钾玄质系列区，最晚期形成的辉绿岩则符合钾玄岩特征。

因此，就岩浆演化历史而言，新路火山盆地最早喷发形成的火山岩具有高钾钙碱性系列岩石（以黄尖组为代表）特征，其后发育钾玄质系列花岗岩和花岗斑岩，最后以来源深度更大的钾玄岩（辉绿岩）侵入为标志基本结束盆地的岩浆活动，形成了一套高钾钙

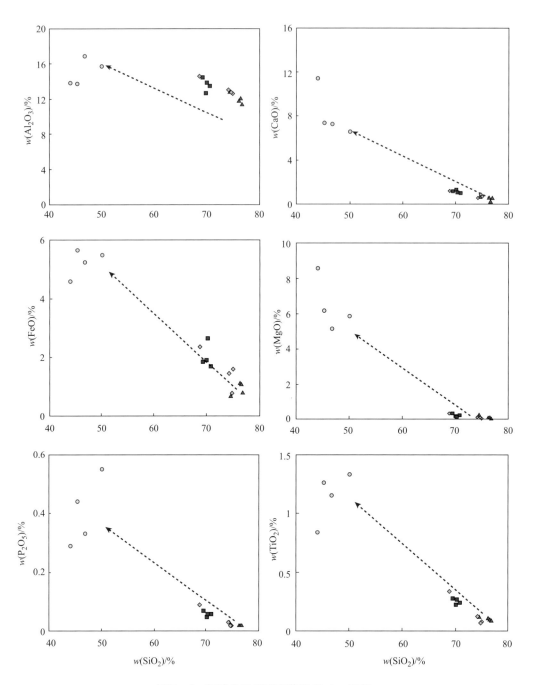

图 7-6　新路盆地系列岩浆岩 Harker 图解
○辉绿岩；▲黄尖组；◇杨梅湾；■花岗斑岩

碱性（钾玄质）-钾玄岩系列岩石。岩浆作用不同阶段形成的岩石类型具有相似性，且表现出趋势性变化特点，表明新路盆地中生代共生的系列岩浆岩具有内在的成因联系。

新路盆地中生代岩浆作用形成的酸性系列岩石具有相似的物源特征，因而下述两种作用模式可以解释导致不同阶段形成的岩浆岩中 SiO_2 含量随时间出现递降的变化趋势，其一是岩浆作用过程，在部分熔融的同时存在有幔源基性物质组分逐渐混入趋势，且参与程度逐渐增强；其二是在岩浆房中存在明显的岩浆分异作用所致。

初步分析认为，岩浆房中发生岩浆分异作用的模式虽然可以较好的解释由此形成的岩浆岩随时间 SiO_2 含量递降的变化特点，然难以解释由此形成的岩浆岩随时间表现出的 TiO_2、P_2O_5、CaO、FeO、MgO 等氧化物含量呈现的"跳跃性"递增的变化趋势，该模式也难以解释较晚期形成的花岗岩或花岗斑岩具有更高的碱度和 K_2O/Na_2O 比值特征。因为 K、Na 均属大离子亲石元素，在岩浆分异作用中主要聚集在熔体中，使得早期喷发形成的岩浆岩应该具有与上述含量特征相反的变化趋势，即早阶段形成的岩浆岩应该有更高的 $K_2O + Na_2O$ 含量和碱度，由此可基本排除新路盆地中生代岩浆作用受岩浆分异起主导制约的可能性。更为合理的解释是，下地壳物质受到来自地幔的富钾的高温"热物质流"作用，导致部分熔融而发生系列岩浆作用，该过程使得地壳熔融岩浆与地幔热物质发生一定程度的混合作用，并随时间地幔物质参与程度逐渐增强。

二、微量元素地球化学演化趋势

新路盆地中生代不同阶段形成的岩浆岩稀土元素特征值见表 7-2。

表 7-2　中生代不同阶段岩浆岩微量元素特征值

岩浆岩单元		黄尖组火山岩	杨梅湾花岗岩	花岗斑岩	辉绿岩
岩浆作用阶段			早期 —————→ 晚期		
ΣREE	均值	211.31	235.77	421.17	160.69
	范围	198.70 ~ 236.21	158.11 ~ 413.63	406.63 ~ 429.31	86.36 ~ 206.00
ΣLREE	均值	169.28	200.33	394.81	143.73
	范围	139.12 ~ 197.29	118.71 ~ 388.07	380.21 ~ 402.80	72.49 ~ 185.63
ΣHREE	均值	42.04	35.44	26.36	16.96
	范围	33.17 ~ 59.58	25.56 ~ 45.24	25.54 ~ 26.95	14.12 ~ 20.37
ΣL/ΣH	均值	4.31	7.89	14.98	8.34
	范围	2.34 ~ 5.28	3.11 ~ 15.18	14.39 ~ 15.44	5.22 ~ 9.98
δEu	均值	0.07	0.24	0.36	1.03
	范围	0.07 ~ 0.08	0.07 ~ 0.49	0.33 ~ 0.40	0.96 ~ 1.22
La_N/Yb_N	均值	3.96	8.69	19.40	9.73
	范围	1.66 ~ 5.59	2.15 ~ 19.53	18.15 ~ 20.43	4.55 ~ 13.36
Sr	均值	20.7	39.63	48.48	397.25
	范围	13.1 ~ 31.2	13.6 ~ 86.3	50.3 ~ 63.2	274 ~ 470
Yb	均值	7.19	6.77	3.60	2.33
	范围	5.44 ~ 11.6	3.53 ~ 9.47	3.54 ~ 3.69	1.79 ~ 2.83
Cr	均值	102.98	92.75	141.78	210.95
	范围	56.9 ~ 159	51.1 ~ 155	34.7 ~ 334	89.9 ~ 470
Ni	均值	3.04	2.49	3.99	69.05
	范围	1.92 ~ 3.81	1.71 ~ 1.75	1.52 ~ 6.51	17.6 ~ 182

由表 7－2 可见，岩浆作用从早期（黄尖组）到晚期（花岗斑岩），δEu 依次为 0.07、0.24、0.36；La_N/Yb_N 依次为 3.96、8.69、19.40；ΣLREE/ΣHREE 依次为 4.31、7.89、14.98，ΣLREE 依次为 169.28、200.33、394.81，晚期形成的花岗斑岩的 ΣREE、ΣLREE、ΣLREE/ΣHREE 以及 La_N/Yb_N、δEu 值，要比较早时期形成的杨梅湾花岗岩和黄尖组火山岩中相应值明显升高；与之相反，ΣHREE 则表现出略有下降或变化不明显。而起源自岩石圈地幔的辉绿岩属于轻稀土元素富集型，Eu 基本不存在亏损。显然，较晚期岩浆岩 ΣREE、ΣLREE/ΣHREE 以及 La_N/Yb_N 值的升高主要是岩石中 ΣLREE 明显升高引起的，说明新路盆地中生代岩浆演化进程，具有以 ΣLREE 和 δEu 值的同步逐渐升高为特点的稀土元素地球化学动态演化趋势。从图 7－7 可以看出，新路盆地中生代系列岩浆岩稀土元素特征值的投影图表现出 3 种分布特点，其一是 δEu － SiO₂ 图解，晚期岩浆作用产

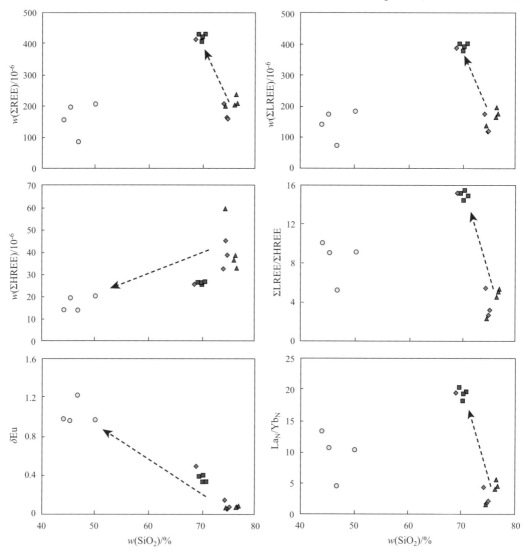

图 7 － 7　岩浆作用过程稀土元素地球化学演化趋势

▲ 黄尖组；◆ 杨梅湾；■ 花岗斑岩；○ 辉绿岩

物花岗斑岩的 δEu 值明显升高，且位于辉绿岩与酸性系列岩石投影点构成的递增演化趋势线上；其二是 ΣHREE – SiO₂ 图解，花岗斑岩 ΣHREE 略有下降，与辉绿岩之间构成一条较为平坦的递降趋势线，其三是以 ΣLREE – SiO₂ 为代表的投影图（包括 ΣREE – SiO₂、ΣLREE/ΣHREE – SiO₂、和 Laₙ/Ybₙ – SiO₂ 图解等），晚期花岗斑岩特征值明显升高，辉绿岩的投影区相对独立，与酸性系列岩石之间不构成一条趋势线。

显然，岩浆房内的岩浆分异作用不可能造成晚期形成的岩浆岩中出现 LREE 和 δEu 同步升高的趋势变化特征，这也从一个侧面进一步排除了岩浆分异作用是新路盆地中生代岩浆作用主导制约因素的可能性。分析认为，上述稀土元素地球化学动态演化特征，是轻稀土、中稀土和重稀土元素的地球化学行为差异所致，反映了中生代深部壳幔作用及岩浆演化的成因实质：前两种投影趋势分布特征显示出壳幔之间的混合特征，与主量元素（碱质）动态演化特征得出的认识是一致的，说明来自深部富集地幔物质的参与是酸性系列岩石 δEu 随时间升高、而 HREE 相对下降的主要原因。在以辉绿岩为代表的岩石圈富集地幔物质低程度部分熔融形成"热物质流"的过程中，重稀土元素相容性较好，中稀土元素次之，轻稀土元素则表现出较为强烈的不相容性，由此形成以富集轻稀土为主要特点，中稀土（如 Eu 元素）含量中等，而重稀土元素则强烈亏损的高温"热物质流"（熔体）。该结果导致熔融残留体（后期形成的辉绿岩）轻稀土元素含量明显下降，以致造成在投影图中以独立投影区分布，且不与酸性系列岩石构成混合演化趋势的"假像"（第三类投影图）。当强烈富集轻稀土而弱富集中稀土 Eu 元素的"热物质流"上升，壳幔作用及由此导致的壳幔物质混合作用随之发生，并随时间演化壳幔作用及其壳幔物质混合作用随之增强，使得岩浆作用晚期形成的岩石具有更高的 LREE，而 Eu 亏损程度相对下降的变化趋势。由此可以进一步推断，新路盆地中生代发生于地壳深部的壳幔作用其实是以轻稀土和 K 元素等为主要组分的地幔"热物质流"与地壳物质之间的相互作用；在这种富集地幔部分熔融形成的高温"热物质流"中，相对亏损重稀土元素，致使壳幔作用过程重稀土参与程度不高，这也是晚期形成岩浆岩中重稀土元素含量表现出递降变化趋势的原因所在。

图 7 – 8 为新路盆地中生代岩浆作用过程典型的微量元素地球化学演化特点。图解显示，新路盆地中生代岩浆作用随时间的持续，晚期岩浆岩中 Ba、Sr 元素含量明显增加，Nb、Ta、Th、U 等高场强元素表现为递减趋势，Cr、Ni 等过渡元素含量变化不明显。

元素地球化学理论研究表明，在岩浆分异作用中，Sr 主要趋向于岩浆早期阶段富集，晚期阶段形成的岩浆岩中 Sr 含量会逐渐降低；Nb、Ta 元素趋向于在晚期岩浆中富集；过渡元素 Ni、Cr 元素为相容元素，在岩浆分异的早期能较快的从熔体中析出进入固相，从而使得 Ni、Cr 等元素在晚阶段形成的岩浆岩中比早阶段形成的岩浆岩明显富集（赵振华，1997）。显然，图 7 – 8 体现的不同阶段 Sr、Nb、Ta、Cr、Ni 等元素含量变化趋势与岩浆分异作用中相应元素应该具备的地球化学行为明显不同，据此也可进一步推断新路盆地中生代岩浆演化过程中不存在岩浆分异作用，而主要受壳幔作用以及由此导致物质混合作用制约。另外，与稀土元素投影图比较可见，Ba 元素分布特征与 LREE 元素分布特征基本一致，Sr 元素与 Eu 的分布型式大致相同，高场强元素 Nb、Ta、Th、U 等元素与 HREE 元素显示出类似的弱递减分布趋势。这种分布型式的相似性与上述元素之间具有相似的地球化学性质是相对应的，同时也说明在壳幔作用中，Ba、Sr 元素是相对活泼元素和壳幔混合作用的主要参与者，而 Nb、Ta、Th、U 等高场强元素和 Cr、Ni 等过渡元素，在壳幔

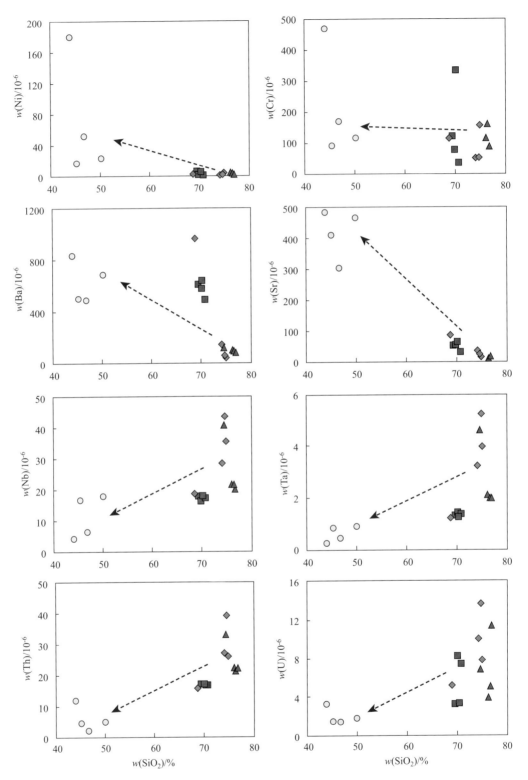

图 7 - 8　岩浆作用过程微量元素地球化学演化

⚪辉绿岩；　▲黄尖组；　◆杨梅湾；　■花岗斑岩

作用过程基本没有参与。

需要特别指出的是，U – SiO$_2$ 图解显示（图 7 – 8），花岗斑岩铀含量范围为 $3.19 \times 10^{-6} \sim 8.18 \times 10^{-6}$，平均值 5.5×10^{-6}，黄尖组熔结凝灰岩的铀含量介于 $3.84 \times 10^{-6} \sim 11.4 \times 10^{-6}$，平均 6.7×10^{-6}，两者基本相近或仅随岩浆演化进程略微下降，即主成矿元素——铀没有表现出向晚期岩浆富集的趋势，表明在壳幔作用及由此衍生的岩浆演化过程中，U 元素地球化学行为的活跃度不高，没有发生明显的再分配。

Nb、Ta、Zr、Hf 等微量元素具有相似的地球化学性质，在部分熔融或岩浆结晶分异过程中，Nb/Ta、Zr/Nb、Zr/Hf 和 Ta/Hf 等元素比值通常不会发生明显的变化，因而上述元素比值可以较好地示踪并反演壳幔作用中的岩浆混合过程。图 7 – 9 显示，新路盆地中生代不同阶段形成的岩浆岩的元素比值存在较大的变化，晚期形成的岩浆岩（如花岗斑岩）投影点总是位于早期形成的黄尖组熔结凝灰岩和辉绿岩之间，且相互之间构成较好的演化趋势线，蕴示了新路盆地中生代岩浆演化过程中的壳幔物质混合作用，也为前述认识提供了进一步的地球化学证据。

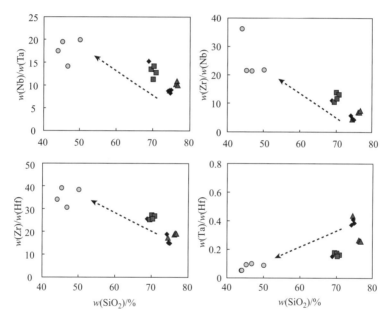

图 7 – 9　岩浆作用过程微量元素比值演化趋势
◎辉绿岩；▲黄尖组；◆杨梅湾；▆花岗斑岩

此外，Rb/Sr – Sr 图解显示（图 7 – 10），新路火山盆地中生代酸性系列岩浆岩的 Rb/Sr 比值，不仅表现出随岩浆作用进程显著递减的变化趋势，而且酸性系列岩浆岩与辉绿岩的投影点可以拟合为一条良好的双曲线，与赵振华（1997）理论推导的混合作用模型下的分布型式一致。两个不相容元素对第三个不相容元素标准化后作图得到的直线分布型式，可以很好地检验岩浆源区混合作用。K/Ba – Rb/Ba 图解显示（图 7 – 11），新路盆地中生代岩浆作用不同阶段形成的岩浆岩样品投影点呈现为良好的线性关系。上述两个图解中，花岗斑岩投影区均位于早阶段黄尖组火山岩与来自岩石圈地幔的辉绿岩投影区之间过渡位置，表现出壳幔源区混合作用特征，也证实和检验了前述推断的正确性。

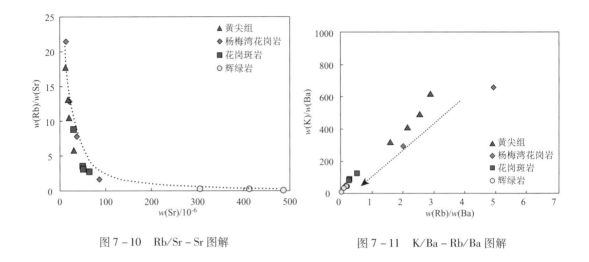

图 7 – 10　Rb/Sr – Sr 图解　　　　　　　图 7 – 11　K/Ba – Rb/Ba 图解

三、Sr、Nd 同位素地球化学演化趋势

在上述主量元素和微量元素地球化学动态演化趋势获得的中生代系列岩浆岩具有壳幔源区混合成因的认识基础上，基于本书研究样品测试数据，可以将代表岩石圈地幔的辉绿岩作为混合作用的一个端元，而将新路盆地较早期喷发形成的黄尖组熔结凝灰岩作为混合的另一个端元，利用它们的 Sr、Nd 同位素地球化学演化特点来反演中生代岩浆作用特征。

以下图解中各类岩石样品的 Sr、Nd 同位素初始值、ε_{Sr} 和 ε_{Nd} 均为基于黄尖组形成时代（127 Ma）的计算结果，分析结果分别列于表 4 – 7，表 4 – 8，表 5 – 5。

结果表明，新路盆地中生代系列岩浆岩中，岩浆作用早阶段产物——黄尖组火山岩具有最高的 $^{87}Sr/^{86}Sr$ 初始比值和最低的 Sr 含量，来自岩石圈富集地幔的辉绿岩则具有最低的 $^{87}Sr/^{86}Sr$ 初始比值和最高的 Sr 含量，期间发育的杨梅湾花岗岩和花岗斑岩的 $^{87}Sr/^{86}Sr$ 初始值和 Sr 含量介于上述两端元之间；在 $(^{87}Sr/^{86}Sr)_i$ – Sr 协变图解中（图 7 – 12），系列岩浆岩投影点构成双曲线趋势分布特征，而在 $(^{87}Sr/^{86}Sr)_i$ – 1/Sr 协变图解中（图 7 – 13），所

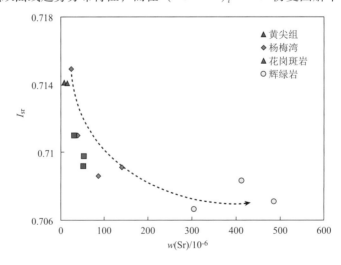

图 7 – 12　中生代系列岩浆岩 I_{Sr} – Sr 图解

有投影点则构成良好的正相关关系（直线分布），系列岩浆岩投影点随时间指向辉绿岩。较好地显示出中生代酸性系列岩浆作用存在幔源物质参与及壳幔源区混合的特点。

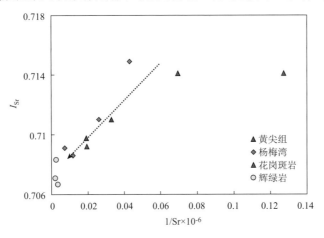

图 7-13　中生代系列岩浆岩 I_{Sr} - 1/Sr 图解

图 7-14 分别为系列岩浆岩的 $(^{143}Nd/^{144}Nd)_i$ - $(^{87}Sr/^{86}Sr)_i$ 图解、ε_{Nd} - $(^{87}Sr/^{86}Sr)_i$ 图解和 ε_{Nd} - ε_{Sr} 图解。显示新路盆地系列岩浆岩中，辉绿岩具有最高的 $(^{143}Nd/^{144}Nd)_i$ 比

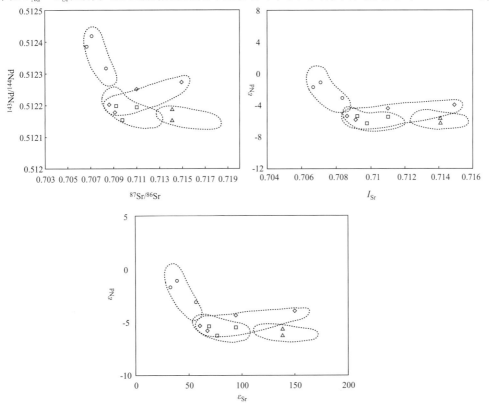

图 7-14　中生代系列岩浆岩 Sr - Nd 同位素图解
△黄尖组；◇杨梅湾花岗岩；□花岗斑岩；○辉绿岩

值和 ε_{Nd} 值，而 $(^{87}Sr/^{86}Sr)_i$ 比值和 ε_{Sr} 值最低，与其成明显反差的是黄尖组火山岩具有最低的 $(^{143}Nd/^{144}Nd)_i$ 比值和 ε_{Nd} 值，而 $(^{87}Sr/^{86}Sr)_i$ 比值和 ε_{Sr} 值则最高，杨梅湾花岗岩和花岗斑岩的相应值介于两者之间。在上述 3 个图解中，除杨梅湾花岗岩投影区稍有重叠和变化外，中生代岩浆作用不同阶段形成的岩浆岩均有各自相对独立投影区，相互之间随时间表现出逐渐向地幔演化线（辉绿岩源区）靠拢的弧形混合演化趋势线。由于地壳物质具有较高的 $(^{87}Sr/^{86}Sr)_i$ 比值和较低的 $(^{143}Nd/^{144}Nd)_i$ 比值，显然依赖岩浆作用地壳源区随时间由深部往上部的变化，不可能导致岩浆岩随时间 $(^{87}Sr/^{86}Sr)_i$ 比值呈现显著递降而 $(^{143}Nd/^{144}Nd)_i$ 比值递增的趋势变化特征，最合理的解释是存在有深部地幔物质参与了岩浆作用。早期岩浆岩投影点（黄尖组）偏离地幔演化线则恰好反映了中生代岩浆源区与基底变质岩（推测为陈蔡群片麻岩）之间的亲缘关系。

上述 Sr、Nd 同位素演化趋势特征及相关图解均印证和支持一种岩浆作用模式，即新路盆地中生代岩浆作用具有壳幔源区物质的混合特征，岩浆作用及其酸性系列岩浆岩是壳幔作用机制下的结果与产物。此外，从图解不难看出，从早期黄尖组火山岩演化到晚期花岗斑岩，$(^{143}Nd/^{144}Nd)_i$ 比值变化较弱，而 $(^{87}Sr/^{86}Sr)_i$ 却发生了较为显著的变化，并快速向辉绿岩趋近，表明壳幔作用过程中来自富集地幔的 Sr 贡献较大，是壳幔及其混合作用的主要参与者。

第三节　酸性系列岩浆岩成因

讨论新路盆地中生代酸性系列岩浆岩成因，必须考虑下列基本地质事实和地球化学特征：

1）超基性岩、辉绿岩（钾玄岩）和酸性系列岩浆岩地球化学证据一致表明，新路火山盆地在中生代处于板内构造环境，系列岩浆岩是板内拉张构造环境下深部作用的产物；中 – 下地壳主要由中元古代以火山岩为主的浅变质岩系（双溪坞群）和古元古代成熟度较高的沉积变质岩（陈蔡群）组成，岩石圈地幔具有富集地幔特征。

2）新路盆地中生代形成了一套高钾钙碱性钾玄质 – 钾玄岩系列岩石组合。从时代演化特征上，早期发育高钾钙碱性钾质系列酸性岩，晚期以来自岩石圈地幔的钾玄岩（辉绿岩）的侵入标志着中生代岩浆作用进入尾声；早期喷发形成超酸性火山岩（黄尖组），其后形成的岩浆岩 SiO_2 含量依次降低，该过程同时伴随着岩石的碱度和 K_2O/Na_2O 比值的逐渐升高，反映了中生代岩浆作用与壳幔作用密切相关，岩石圈富集地幔物质的参与在岩浆演化过程具有重要作用。

3）根据钾玄岩的形成地质条件，大致推断新路盆地所处的衢州地区在白垩纪时期的地壳厚度应大于 40～67 km。现今衢州地区地壳厚度约为 27～29 km。说明自中生代白垩纪以来，包括新路盆地在内的衢州地区地壳厚度明显减薄，地幔深处物质存在持续上涌，岩石圈地幔埋藏位置随时间逐步抬高。

4）微量元素地球化学表现出规律性变化特征。在新路盆地中生代岩浆演化进程中，酸性系列岩浆岩表现出 ΣLREE、δEu 值和 Ba、Sr 元素含量显著动态升高，而 ΣHREE、Nb、Ta、Th、U 等高场强元素和 Cr、Ni 等过渡元素含量略有下降或变化不明显；相关特征微量元素比值图解（如 Rb/Sr – Sr 图解，K/Ba – Rb/Ba 图解等）则体现了良好的壳幔源区物质混合演化趋势。此外，La/Sm – La 图解显示，不同阶段岩浆岩的成岩过程与平衡部分熔融作用相关。由此表明新路盆地中生代岩浆作用受壳幔作用和平衡部分熔融作用共同制约，是来自地幔的高温"物质流"导致地壳物质发生部分熔融所致，该过程同时伴随壳幔物质的混合；同时也说明了来自富集地幔源区上涌的高温"物质流"，其成分以富含轻稀土元素，以及 K、Ba、Sr 等大离子亲石元素为特征（本书称之为"轻物质流"）；在壳幔作用过程中，重稀土元素和高场强元素参与程度不高或基本未参与。

5）Sr – Nd 同位素地球化学演化特征明确表明中生代岩浆作用过程有地幔物质参与，具有壳幔源区混合特征。该地球化学证据进一步确证了壳幔作用在新路盆地岩浆演化进程中主导作用，壳幔作用制约了新路盆地中生代岩浆作用的发生与发展。

6）酸性系列岩浆岩计算的模式年龄（T_{2DM}）与浙西南华夏地块的变质基底——古元古代陈蔡群变质岩成岩年龄基本一致；从变质程度而言，双溪坞群变质程度低（绿片岩相），变质程度达片麻岩相的陈蔡群（片麻岩相）最有可能是下地壳的组成部分，而且中生代酸性系列岩浆岩（特别是黄尖组）与陈蔡群片麻岩具有相似的 Nd 同位素演化域，说明新路盆地中生代酸性系列岩浆岩的主要源岩物质来自华夏地块古元古代基底变质岩陈蔡群。

基于上述认识前提，提出如下新路盆地酸性系列岩浆岩成因观点：在某种深部动力学机制驱动下，以钾玄岩组成为特征的岩石圈地幔发生低程度部分熔融作用，形成并释放富含 LREE（包括 Eu）、大离子亲石元素（K、Sr、Ba）而贫高场强元素和过渡元素的高温"轻物质流"。这些高温"轻物质流"由于比重较轻而向上渗透、运移，绝大部分会以"底侵"的形式聚集在下地壳与岩石圈地幔界面或其附近。同时，这种高温"轻物质流"带来大量的热能，可导致下地壳增温至部分熔融所需的温度（大约 900℃ ~ 950℃），从而诱发从华夏地块俯冲至扬子地块下部并替代扬子地块（新路盆地一带）下地壳的陈蔡群片麻岩发生部分熔融（也可能伴生"轻物质流"流体的交代作用），同时发生高温"轻物质流"与壳源熔融物质之间的物质交换与混合作用，由此形成新路火山盆地中生代高钾钙碱性 – 钾玄质酸性系列岩浆岩。在这种高温"轻物质流"导致壳幔作用的早期，可能是以热传导作用为主，同位素物质交换相对较弱，部分熔融形成的岩浆（黄尖组火山岩）大致继承了陈蔡群片麻岩的同位素组成特点；随着高温"轻物质流""底侵"作用的持续进行，"轻物质流"流体的交代作用以及壳源物质部分熔融形成的岩浆中幔源高温"轻物质流"直接参与程度随时间提高，同位素交换和源区物质混合增强，形成的岩浆同位素组成也逐渐趋近富集地幔的组成特征。

总之，新路盆地中生代具有钾玄质特征的酸性系列岩浆岩具有同源成因特点，是以钾玄岩代表的地幔物质上涌引起下地壳熔融的产物；岩浆演化过程受到平衡部分熔融和壳幔源区物质混合作用共同制约，是壳幔作用机制下的来自钾玄岩的高温"轻物质流"与壳源物质持续相互作用下的系列产物。上一次岩浆喷发或上侵后，岩浆房相对空虚，岩浆能量需要重新集聚，该重新集聚的过程是导致岩浆作用的多期性或脉动性的主要原因，晚期岩浆是壳源物质在幔源高温"轻物质流"作用下进一步熔融，以及与早期形成的岩浆相互混合的结果。该观点也为新路火山盆地中生代酸性系列岩浆岩归属于钾玄质岩石系列提供了理论依据。

第四节 深部动力学机制探讨

讨论已知，新路火山盆地中生代酸性系列岩浆作用是在来自深部富集地幔的高温"轻物质流"持续上涌的动力学机制下，导致壳源物质发生部分熔融及壳幔源区物质混合作用下的系列产物。那么，导致地幔高温"轻物质流"持续上涌的动力学源泉又来自何因？对此，本书作简略的初步探讨（王正其等，2013a）。

具有富集特征的高温"轻物质流"与富集地幔存在内在成因联系。关于中国南方岩石圈富集地幔的形成以及高温"轻物质流"上涌的动力学机制尚存在不同的观点。在排除了岩浆结晶分异作用、地壳混染作用以及下地壳拆沉作用导致软流圈物质上涌的前提下，尚存在两种主流观点：其一认为是太平洋板块俯冲地幔楔熔融作用产物；其二认为是起源于地幔深处（670 km 或 2900 km）的地幔柱（热点）构造作用的结果。

前一种观点认为，中国华东南地区富集地幔的形成及地幔物质上涌，是由于太平洋板块俯冲、地幔楔发生熔融作用，释放出富钾和大离子亲石元素并交代地幔的结果和产物（Lapierre et al.，1997；Chen et al.，1998；周新民，2000；王德滋，2000，2004；徐夕生等，1999）。周新民等（2000）归纳了有关中国东南部中生代火成岩的地质学、地球化学和地球物理资料，提出用岩石圈消减作用和玄武岩底侵相结合的观点来解释该区晚中生代深部动力学机制。徐夕生等（1999）认为，华东南大规模花岗质岩浆活动与弧后拉张、岩石圈减薄、软流圈上涌作用直接相关，早期太平洋板块向欧亚大陆板块俯冲对大陆裂解起了诱导作用。持第二种观点的学者认为，中国东南部中生代从挤压到拉张的转化时间约为 145 Ma（毛建仁等，1999；李兆鼐等，2003），与南太平洋具全球规模的超地幔柱开始活动的时间吻合，富集地幔的形成及地幔物质上涌的深部动力学机制与软流圈地幔柱活动相关，且与中特提斯海消减作用的构造影响有关。

本书认为，在讨论研究区以钾玄岩组成为代表的岩石圈富集地幔及高温"轻物质流"持续上涌的动力学机制的同时，须综合考虑以下方面的信息或认识。

现今岩石圈地幔埋深资料表明，浙江省莫霍面总体由北东沿海地区向浙西南方向倾斜，地壳厚度由 29 km（嘉兴－宁波一带）逐渐增厚至 33 km 以上（浙西南的龙泉－泰顺一带）。研究区所处的衢州－龙游一带壳幔结构特点与周边地区很不协调，地壳厚度明显减薄至 27~29 km，在相对具有较大地壳厚度的区域内呈现为一个"圆形"的幔隆减薄区。上述区域上莫霍面趋势分布特征以及衢州地区与周边地区间存在不协调的幔隆区现象，似难以用太平洋板块由东向西的俯冲作用并导致地幔楔熔融来解释。

在新生代中新世，衢州地区中生代以钾玄岩组成为特征的岩石圈地幔已被来自更深的以钠质过碱性超基性岩为代表的软流圈物质替代。据此有理由认为，中生代时期的衢州地区地幔结构与组成具有如下"双层结构"特征：上部为由钾玄岩组成的岩石圈地幔，下部为钠质超基性岩组成的软流圈地幔；自中生代白垩世以来，包括新路盆地在内的衢州地区地幔深处持续存在软流圈物质的上涌。需要特别注意的是，与由钾玄岩组成的岩石圈地幔相类似，下部的软流圈地幔同样具有富集地幔特征。

地幔本身一般是不存在 Ce 的亏损；地壳物质、受海水蚀变的洋底玄武岩、深海沉积物以及由此衍生的流体（如俯冲到地幔脱水形成的流体）常具有较为明显的 Ce 亏损现象，如大西洋洋中脊的蚀变玄武岩 δCe 为 0.38，东太平洋深海沉积物的 δCe 仅为 0.27。如果上述物质通过俯冲带的循环作用进入到地幔中，那么受其作用影响的软流圈或岩石圈地幔必然会表现出较为明显的 Ce 亏损现象（赵振华，1997；H R Rollison，2000）。前述研究表明，发育于新路盆地的中生代辉绿岩 δCe 介于 0.86~0.90 之间，来自更深的、期后发育软流圈上涌物质形成中新世超基性岩 δCe 为 0.84~0.87，两者基本一致，基本不存在亏损现象。说明不存在陆壳物质和深海沉积物的混染，与太平洋板块俯冲地幔楔熔融作用观点不符。

在华东南地区，中生代岩浆作用中心表现出由西往东逐渐迁移的趋势（战明国，1994）；就赣杭火山岩带火山活动时代同样具有西部早、东部晚的特点（华东地勘局270所，1988），如西部相山盆地火山岩为晚侏罗世产物，在浙西南和浙东地区火山活动时间则开始于早白垩世甚至更晚。此外，在侏罗纪—早白垩世时期，位于中国东部的伊佐奈岐板块（又称古太平洋板块）的俯冲方向并非向东而是北西方向，此时的太平洋板块位于赤道以南的低纬度地区，而太平洋板块首次向亚洲大陆的俯冲约发生在 52 Ma 左右（万天丰，2004）。因而无法将岩浆作用与太平洋板块俯冲作用之间建立合理的联系。

新路火山盆地辉绿岩（钾玄岩）的高 K_2O/Na_2O 比值暗示岩石来源于含金云母的地幔橄榄岩低度部分熔融（Zou et al.，2003；Gill et al.，2004；Conceicao et al.，2004）。与之相对应的是，衢州地区中新世替代岩石圈地幔、来自软流圈的超基性岩（橄榄二辉辉石岩、橄榄霞石云煌斑岩）中含有大量的黑云母，黑云母组成与金云母相似，均为富钾矿物。在低程度部分熔融作用中，K 优先于 Na 率先进入熔体，因而黑云母具有的高 K/Na 比值可以满足高 K/Na 比值熔体以及形成钾玄岩的条件。Battistini 等（2001）对意大利中部 Montefiascone Volcanic Complex（MVC）进行的地球化学研究得出类似的看法，认为意大利中部钾质岩石的形成与俯冲作用无关，而是软流圈地幔上涌使上部岩石圈发生部分熔融所形成的玄武质岩浆与富钾质的热液相混合的结果。

综上分析，本书倾向于地幔柱热点活动观点，认为新路地区中生代以钾玄岩为代表的岩石圈富集地幔的形成以及高温"轻物质流"上涌的动力学机制，与起源于软流圈底部或更深部位的地幔柱构造活动相关。

第八章　铀成矿特征与成矿物质来源探讨

　　大桥坞矿区是新路盆地铀矿床、矿（化）点主要集中发育区，目前已发现铀矿床有两个。其中大桥坞（671）矿床位于白鹤岩670矿床北西侧约1 km处，东湾677矿点则位于两矿床之间，三者之间地域上相连，成矿地质条件基本相同，应同属一个成矿系统。因矿区具有较大的成矿规模、较好的成矿地质条件和铀矿找矿潜力，成为新路盆地重要的铀矿勘查基地，也是目前新路盆地铀矿勘查主要目标区之一。本次研究工作以大桥坞矿床为重点调查对象，试图对新路盆地火山岩型铀矿床成矿特征及其成矿物质来源进行初步探讨。

第一节　铀成矿地质特征

一、矿床地质概况

　　大桥坞矿床发育的岩石单元主要为下白垩统黄尖组和燕山晚期花岗斑岩体，矿区外围有劳村组和寿昌组。前震旦系虹赤村组的一套浅变质岩及下古生界震旦系、寒武系、奥陶系的一套浅－滨海相含碳碎屑岩建造、硅质岩建造、碳酸盐岩建造等，主要分布于盆地的南部及北西部边缘，构成火山断陷盆地的基底。矿床的西部发育燕山晚期的中－粗粒花岗岩。其中燕山晚期花岗斑岩主要属火山管道相产物，沿火山机构及环状断裂呈岩枝、岩脉、岩瘤或岩筒状侵入，产状多呈半环状或呈北东向展布，局限分布于破村－姜孟断裂、东湾断裂之间。黄尖组熔结凝灰岩与花岗斑岩之间界线通常是截然的，未见热变质或热烘烤现象。值得说明的是，花岗斑岩及矿床蚀变场内发育的黄尖组晶屑凝灰岩中的斑晶或石英矿物多发育网状裂隙或碎裂状，岩石也往往具碎裂构造，暗示遭受了较强的隐爆作用。此外，矿床范围内发育若干基性辉绿岩脉，沿北西向断裂侵入或充填，走向约310°～330°。

　　区内褶皱构造不发育，地层总体产状倾向南东，倾角20°～47°。区内断裂构造发育，主要包括北东向和北西向两组。前者主要为破村－孟姜断裂和东湾断裂，北东向展布（走向约25°～32°），纵贯全区，为区域性断裂构造。后者包括 F_1、F_2、F_3、F_4 等若干组断裂，走向约310°～330°，倾向北西，倾角21°～42°不等；该组断裂规模较小，延伸长度约4～10 km不等，空间上延伸通常不稳定，具拐弯、尖灭侧现、分枝复合、膨胀收缩等特点，常以构造破碎带形式产出。北西向断裂展布方位与铀矿体走向一致，往往直接赋存有铀矿体，对大桥坞矿床铀矿体的产出和空间分布起着重要的控制作用。

二、矿体地质与围岩蚀变

　　地表调查表明，大桥坞矿床主要发育Ⅰ、Ⅱ、Ⅲ、Ⅴ、Ⅵ、Ⅶ、Ⅸ等6条铀矿带，目前铀矿勘查工作主要针对Ⅰ号矿带。赋矿围岩包括黄尖组和燕山晚期花岗斑岩，前者主要为其下部层位的流纹质含砾晶屑凝灰岩、晶屑熔结凝灰岩。后者岩性主要为碎斑状（斑晶矿物裂隙发育，且往往有错位现象）或碎裂状花岗斑岩。

I 矿带受北西向 F_2 断裂构造控制（图8-1）。在地表浅部铀矿体呈透镜状、脉状、串珠状排列，产状与北西向控矿构造一致；深部盲矿体呈群脉状或囊状，剖面上呈叠瓦状排列，矿体最大厚度达20余米。铀矿体往往产于 F_2 断裂带内，或花岗斑岩与黄尖组凝灰岩界面附近或花岗斑岩体内部，与 F_2 断裂带附近发育在花岗斑岩与黄尖组的接触界面一带的隐爆构造体关系密切，以上述不同构造界面附近或交汇部位铀矿化最佳，铀矿体产状与 F_2 断裂产状或花岗斑岩体侵入界面产状大致相近（华东地质勘探局二六九队，1991，2006）。目前控制最大的 I-11 矿体走向长约40 m，倾向延伸103 m，厚5.38 m。

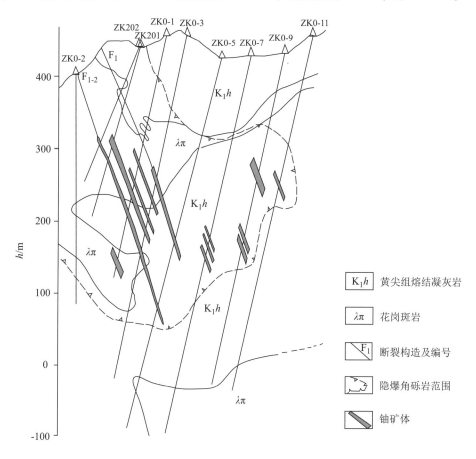

图8-1　大桥坞矿床0号勘探线剖面示意图

近矿围岩蚀变主要有：红化（赤铁矿化）、萤石化、水云母化、黄铁矿化、碳酸盐化等。初步野外调查显示，矿区水云母化有两种产状。一种是呈面型或带状沿北西向断裂构造展布，由此形成的蚀变场具切层特征，即水云母化分布范围与黄尖组火山岩和花岗斑岩之间的分界线不一致，说明水云母化蚀变场是矿区内赋矿围岩冷却固结成岩之后的产物；水云母化主要以交代岩石中长石矿物或基质形式发育，通常在各类构造界面附近蚀变强度最大，往两侧则逐渐减弱，直至过渡为正常岩石，说明各类构造界面往往构成成矿流体运移的主要通道；蚀变岩石中通常发育较多新生的浸染状分布的细粒－微粒黄铁矿，黄铁矿数量与岩石遭受的水云母化强度大致有正消长关系，表明这种黄铁矿是水云母化蚀变作用的同期产物；宏观上，上述产状的水云母化常与碳酸盐化、绿泥石化一起形成"绿色"蚀变带，构成近矿围岩蚀变分带的外带，因其颜色与未蚀变的正常岩石的颜色有显著区别，且分布范围大，可作为良好的铀矿找矿标志性信息之一。另一种产状是水云母以细脉或微细脉状形式产出，可见其穿插早期的硅质脉，并被晚期萤石脉穿插。

红化是指致使围岩岩石宏观上转变为特征性褚红色的一种蚀变现象（图版4-1~图版4-4）。宏观与显微观测均显示，大桥坞矿区的红化现象主要发育于岩石的基质中，颜色分布总体较为均匀，在角砾或铀矿物边缘外侧部位红色晕往往更深（图版4-1、图版4-5、图版4-6）。初步认为红化是围岩基质或矿物中分布有大量星散均一状的微粒的 Fe^{3+}（赤铁矿）所致。值得特别注意的是，红化岩石中也存在较多晶形完好的黄铁矿晶体，暗示这种红化并非是岩石遭受强烈氧化而使得其中黄铁矿转化为赤铁矿的结果。红化与"绿色"水云母化蚀变岩石之间是过渡渐变关系（图版4-3），构成近矿围岩蚀变的内带。在空间上，红化与铀矿化关系非常密切，红化范围与铀矿化范围大致相吻合，与矿化强度具有正消长关系，红化越强，铀矿化越富。红化岩石被晚期紫色萤石脉穿插（图版4-4），或以角砾形式产于紫色萤石脉体内。

本书所谓的萤石化其实是一种主要由萤石矿物组成的充填于岩石中的脉体（含黄铁矿等其他矿物），与传统所谓的交代蚀变不同，它与围岩之间不存在明显的物质交换。矿区有3种产状特征的萤石脉体，其一是呈紫色或紫黑色脉状充填于断裂构造、围岩裂隙或围岩角砾之间；其二是以角砾状、团块状或杏仁状紫色萤石集合体分布在黄尖组熔结凝灰岩和花岗斑岩中；其三是以蓝色或无色萤石脉体形式充填在岩石裂隙中。以上述第一种产状特征产出的萤石脉体，萤石颜色以紫色或紫黑色为特征，矿物颗粒度很小（细粒－微粒状），通常共生有多金属硫化物（如黄铁矿、方铅矿、钛铁矿等）、铀矿物和少量碳酸盐矿物等，该产状萤石脉体与铀矿化存在密切关系，往往其本身就构成铀矿（化）体，与红化矿石叠加时铀矿化强度通常会更高。后两种特征产出的萤石（脉）与铀矿化关系之间不存在直接的对应关系。

水云母化蚀变场范围大，蚀变岩石颜色呈现特征性的浅绿色或绿色，是大桥坞地区火山岩型铀成矿的重要近矿围岩蚀变标志，红化现象和紫黑色萤石－多金属硫化物脉体通常可作为大桥坞矿床的直接铀矿找矿标志。

三、矿石特征与铀赋存形式

依据上述宏观上存在的以红化为特征的铀矿石和以紫黑色萤石＋多金属硫化物为特征的铀矿脉，以及两者之间的相互穿插关系，可将大桥坞铀矿床成矿作用分为早、晚两期。

早期铀矿石表现出特征性的红化现象，铀品位相对较低。与未含矿岩石之间为渐变关系，赋矿岩性为流纹质含砾晶屑凝灰岩、晶屑熔结凝灰岩和花岗斑岩。矿石通常具有角砾状构造或碎裂状构造，与远离矿体的未蚀变黄尖组火山岩比较，一个明显的特征是其中石英矿物晶体（晶屑或斑晶）多发育不具定向性的裂纹或错位现象，说明赋矿岩石在形成之后遭受了后期某种性质的应力破碎作用。通常而言，如果上述裂纹是断裂构造所致，则应该具有一定的方向性，由此初步认为岩石裂隙、矿物破碎的应力来源可能与隐爆作用相关。本次研究工作发现矿石中的铀主要以铀石、钛铀矿形式存在，少见沥青铀矿（表

8－1），往往可见铀石与钛铀矿以集合体形式与黄铁矿、钛铁矿、方铅矿和金红石、磷灰石、锆石等共生（图版4－7，图版4－8），或赋存于黄铁矿的内、外缘（图版4－9），或铀石、钛铀矿或两者集合体以独立的形式存在，主要以分散状、浸染状散布于围岩岩石基质中发育的微裂隙内或岩石角砾外缘（图版4－10），或长石矿物裂隙内。铀矿物粒度极细，一般小于5μm。在铀矿物的外围往往形成颜色更深的红色晕（图版4－4）。

与早期铀矿石不同，晚期铀矿石最大的特点是以独立脉体充填形式产出，与早期矿石、角砾或围岩之间的界线是截然的。空间上，一般与早期铀成矿作用形成的矿体互相叠合，叠合部位铀品位显著增高。脉体颜色为紫黑色、紫色，主要呈细脉状或网脉状沿构造裂隙或围岩角砾之间充填并胶结早期铀矿石，致使铀矿石表现出角砾状构造；角砾之间往往位移不大，可以相互拼贴（图版4－4），也可见规模较大的紫色脉体。这种晚期矿石充填脉体内角砾之间可以拼贴的现象，说明脉体充填过程存在隐爆作用，然而隐爆强度相对有限，以原位隐爆并导致围岩震碎的基础上贯入充填成矿为特点。晚期矿石矿物共生组合简单，脉石矿物主要为萤石，微量的碳酸盐矿物，金属矿物主要包括铀矿物和黄铁矿、方铅矿等金属硫化物，矿物粒径一般为（$10 \times n \sim n$）μm。电子探针研究表明，铀矿物主要为铀石和钛铀矿，偶见沥青铀矿（表8－1），粒径一般小于nμm。铀矿物主要产于黄铁矿外围或附近，或以独立铀矿物形式分散状产于萤石颗粒之间；在紫色萤石脉体与围岩的界面（图版4－11，图版4－12），或脉体与其中包裹的围岩角砾界面及其外侧，铀矿物分布更为密集，数量更多，说明矿脉形成过程中，铀矿物沉淀析出要略先于萤石矿物晶体的析出。

表8－1　大桥坞矿区铀矿石铀矿物电子探针结果（w_B/%）

样号	点号	Na$_2$O	ThO$_2$	K$_2$O	MgO	FeO	UO$_2$	Al$_2$O$_3$	MnO	P$_2$O$_5$	SiO$_2$	TiO$_2$	CaO	NiO	总量	矿物名称	备注
DQW－13	1	0.16	0.25	0.00	0.00	3.89	59.11	0.52	0.05	0.46	4.23	3.64	3.05	0.09	75.45	铀石	
	2	0.00	0.71	0.00	0.02	0.31	51.04	0.76	0.52	0.01	4.33	35.04	1.39	0.00	94.13	钛铀矿	
	3	0.01	1.29	0.00	0.03	1.18	51.67	0.29	0.57	0.00	1.95	36.76	2.06	0.00	95.80	钛铀矿	
DQW－50	1	0.36	0.18	0.00	0.23	2.48	49.37	2.69	0.12	0.27	9.27	11.19	2.20	0.02	78.36	钛铀矿＋铀石	早期矿石
	2	0.01	1.30	0.00	0.00	1.46	50.54	0.20	0.61	0.00	2.24	34.63	1.64	0.00	92.63	钛铀矿	
	3	0.10	0.14	0.00	0.15	0.91	56.09	0.42	0.18	0.21	8.35	22.99	1.08	0.00	90.63	钛铀矿＋铀石	
	4	0.06	0.60	0.00	0.05	1.16	51.90	0.24	1.70	0.11	5.33	29.27	2.30	0.02	92.73	钛铀矿	
DQW－55	1	0.12	0.13	0.00	0.09	2.18	57.88	0.79	0.67	0.98	13.56	1.67	1.85	0.00	79.91	铀石	
D08－13	1	0.02	0.40	0.00	0.00	1.02	51.97	0.15	0.40	0.00	1.69	35.77	1.46	0.00	92.93	钛铀矿	
	2	0.08	0.42	0.00	0.03	0.61	51.76	0.29	0.42	0.23	7.59	28.13	1.09	0.00	90.63	钛铀矿＋铀石	
	3	0.60	0.55	0.00	0.00	4.07	38.83	0.23	0.03	1.59	2.10	38.05	0.85	0.00	86.88	钛铀矿	
	4	0.00	0.13	0.00	0.04	0.48	62.11	0.29	0.28	0.27	6.74	21.68	0.78	0.00	92.79	钛铀矿＋铀石	

样号	点号	Na$_2$O	ThO$_2$	K$_2$O	MgO	FeO	UO$_2$	Al$_2$O$_3$	MnO	P$_2$O$_5$	SiO$_2$	TiO$_2$	CaO	NiO	总量	矿物名称	备注
DQW-51	1	0.10	1.46	0.00	0.03	0.74	53.17	0.36	0.81	0.74	6.10	11.88	2.38	0.01	77.78	钛铀矿+铀石	
	2	0.01	0.21	0.00	0.02	1.59	63.56	1.02	0.08	1.47	12.83	0.91	1.33	0.00	83.02	铀石	
DQW-14	1	4.52	0.00	5.57	0.00	10.76	40.72	0.00	0.12	0.06	0.58	0.20	0.33	0.00	62.86	沥青铀矿?	晚期矿石
	2	0.53	0.42	0.00	0.00	3.67	49.47	0.81	0.08	1.24	19.59	9.84	0.75	0.00	86.39	铀石+钛铀矿	
	3	0.21	0.13	0.00	0.20	5.86	47.09	0.59	0.10	0.21	6.74	26.11	2.52	0.00	89.77	钛铀矿+铀石	
	4	0.10	0.37	0.00	0.18	4.69	55.56	0.69	0.08	1.08	13.18	12.74	2.56	0.00	91.23	铀石+钛铀矿	
	5	0.01	0.13	0.00	0.02	0.90	58.84	0.48	0.01	1.84	22.78	0.67	1.24	0.00	86.90	铀石	
	6	0.16	0.00	0.00	0.05	4.62	50.86	0.84	0.10	0.15	7.50	24.93	3.13	0.00	92.33	钛铀矿+铀石	
	7	0.08	0.58	0.00	0.03	1.46	82.23	0.04	0.32	0.36	4.22	1.22	1.23	0.01	91.77	沥青铀矿	
D08-14	1	0.00	0.45	0.00	0.04	0.53	65.52	0.51	0.03	1.83	13.00	0.59	1.56	0.00	84.05	铀石	

前人通常将早期铀矿石类型归为铀-赤铁矿型，将晚期铀矿石划归铀-萤石或铀-硫化物型。需要重点指出的是，早晚两期成矿作用产物在宏观地质表现形式上存在显著的区别，早期铀成矿作用没有形成由自身新生矿物构成的独立脉体，成矿作用以流体扩散渗入成矿为特点；晚期铀成矿作用则形成了由同期新生矿物构成的独立矿脉，以成矿流体脉状充填成矿为主。据此可推断，早期成矿流体以大量的 H$_2$O 为主要成分（溶剂），其中溶解并携带了适量的挥发份（如 P 等）和阳离子（Fe^{3+}、Ti^{4+}、U^{4+} 或 U^{6+}、Zr^{2+} 等），氧逸度相对较高；晚期成矿流体则主要由 F$^-$、S^{2-}、C^{4+}、Ca^{4+}、Fe^{2+}、U^{4+} 等组分构成，相对而言 H$_2$O 组分不占主导甚至含量很低，氧逸度较低。正是这种成矿流体组分的差异，导致了相应的成矿作用产物在地质表现形式上的显著区别：早期流体离子浓度低，扩散能力强，大量的 H$_2$O 和挥发份扩散迁移距离较远，形成水云母化蚀变场，少量组分（如铀石、钛铀矿、磷灰石等）则扩散距离有限，以分散状沉淀于断裂带附近的碎裂围岩中；晚期流体由于离子浓度大，扩散能力差，主要以脉体形式沉淀产出。

四、铀成矿时代

本次研究对大桥坞矿床早期红化矿石和晚期紫色铀-萤石型矿石分别开展了沥青铀矿的定年工作，然而对晚期紫色铀-萤石型矿石的定年工作，由于未能成功分离出沥青铀矿而告失败。早期红化矿石样品取自钻孔（ZK12-19）矿心段（459.6 m），赋矿岩性为花岗斑岩。将矿石采用对棍碎样至 40 目，然后经过粗淘、精淘，过无水酒精后烤干，后用三溴甲烷重液分离出重矿物，此后进行电磁选，先过 1.5A 分出含磁和非含磁矿物，后对非磁矿物进行 2.5A 电磁选，将分离出的含磁部分在双目镜下挑选出沥青铀矿后送检。分析结果列于表 8 - 2。大桥坞铀矿显然应该为中生代或中生代以后的产物，因此取 ^{206}Pb/^{238}U 的表观年龄为宜。结果表明，本样品沥青铀矿的 ^{206}Pb/^{238}U 年龄为 52.2 Ma。相当于白垩世晚期 - 古新世早期的产物。

表 8 - 2 红化矿石中沥青铀矿成矿年龄测定结果

样品号	U/μg	Pb/μg	测试结果/%				表观年龄/Ma		
			^{204}Pb	^{206}Pb	^{207}Pb	^{208}Pb	^{206}Pb/^{238}U	^{207}Pb/^{235}U	^{207}Pb/^{206}Pb
DQW - 13	206	1.90	0.265	80.962	8.581	10.186	52.2 ± 0.1	64.4 ± 0.3	544

注：分析单位：核工业北京地质研究院；分析方法：据沥青铀矿、晶质铀矿的年龄的测定方法（EJ/T693 - 92）。仪器型号：isoprobe - t；年龄计算常数：$t^0 = 4430$ Ma，$a^0 = 9.307$，$b^0 = 10.294$，$\lambda^{235} = 0.98485 \times 10^{-9}$ 年$^{-1}$，$\lambda^{238} = 0.155125 \times 10^{-9}$ 年$^{-1}$。

原北京三所（1977）对研究区内白鹤岩（670）铀矿床、杨梅湾（621）铀矿床，曾开展过沥青铀矿同位素的定年工作，结果分别为：670 矿床：118 Ma 和 75 Ma；621 矿床：120 Ma 和 115 Ma，据此认为研究区存在两期铀成矿作用，第一期为 120 ~ 115 Ma，属早白垩世；第二期为 75 Ma，属晚白垩世末期。依据地质特征，本次研究样品应属大桥坞矿床的早期铀成矿产物。显然，本次获得的早期沥青铀矿年龄与前人获得的早期年龄之间存在较大的差距，却与第二期成矿作用年龄大致相当。分析发现，前人获得的早期沥青铀矿年龄大致与新路盆地酸性系列火山岩成岩时代的下限年龄（118 Ma）相当，如 621 矿床早期成矿年龄（120 Ma）与围岩花岗岩年龄（122.5 Ma）及本次通过锆石测定的花岗斑岩成岩年龄（125 Ma）十分接近。根据大桥坞矿床和 621 矿床的铀成矿地质事实，即使是早期铀成矿作用也应明显晚于赋矿围岩的成岩地质时代。是否前人获得的早期沥青铀矿年龄是赋矿围岩本身所含的晶质铀矿年龄的表现，因而其代表的是围岩年龄？原因有待今后工作进一步查证。

本着事实数据的原则，本书暂认为大桥坞矿床早期红化铀矿石成矿作用大致发生于白垩世晚期—古新世早期（52.2 Ma），晚期的铀 - 萤石型脉状矿石形成时代则应较古新世早期更晚。

第二节　铀成矿地球化学特征

一、主量元素与微量元素

大桥坞矿床早期铀矿石主量元素与微量元素分析结果分别列于表 8 - 3 和表 8 - 4。

分析表明，赋存于黄尖组熔结凝灰岩和花岗斑岩中的红化铀矿石，SiO_2 含量范围分别为 77.48% ~ 73.26%，73.75% ~ 74.59%，较相应的未蚀变熔结凝灰岩（均值为 76.06%）和花岗斑岩（均值为 70.19%）原岩略有增加；MnO 含量范围分别为 0.13% ~ 0.26%，0.09% ~ 0.14%，较相应的未蚀变熔结凝灰岩（均值 0.03%）和花岗斑岩（0.07%）有较大幅度的增高。Na_2O 含量范围为 0.17% ~ 0.34% 和 0.03%，相应的未蚀变熔结凝灰岩和花岗斑岩的 Na_2O 均值分别为 2.53%、2.11%，表现出明显降低的特点。除此之外，其余主量元素含量在两者之间没有明显的变化。说明在早期渗入成矿过程中，除 SiO_2、MnO 有不同程度的质量带入，Na_2O 存在较大幅度的质量带出外，其余主量元素基本不存在明显的质量带入、带出现象。SiO_2 含量增加而 Na_2O 降低，可能与弱硅化（交代斜长石）相关。与相应的未蚀变岩石比较，矿石中 Fe_2O_3 含量或总铁含量没有明显变化或略有降低（花岗斑岩中），而 MnO 含量明显增高，是否暗示矿石红化的原因是 Mn 质所致？有待进一步研究。

表 8 - 3　大桥坞矿床早期铀矿石主量元素分析结果

样号	赋矿岩性	测试结果（w_B/%）											
		SiO_2	TiO_2	Al_2O_3	Fe_2O_3	FeO	MnO	CaO	MgO	P_2O_5	Na_2O	K_2O	烧失量	总量
DQW - 53	凝灰岩	77.48	0.08	12.03	1.13	1.15	0.13	0.52	0.18	0.03	0.17	4.84	2.15	99.89
DQW - 54	凝灰岩	73.26	0.06	12.44	1.00	1.35	0.26	4.20	0.09	0.04	0.34	5.28	1.50	99.82
DQW - 50	花岗斑岩	73.75	0.10	12.76	1.46	0.65	0.09	1.63	0.22	0.03	0.21	6.41	2.56	99.87
DQW - 55	花岗斑岩	74.59	0.09	12.58	0.84	0.85	0.14	1.24	0.06	0.03	0.66	7.65	1.19	99.91

表 8 - 4　大桥坞矿床铀矿石微量元素分析结果（w_B/10^{-6}）

样品号	性质	La	Ce	Pr	Nd	Sm	Eu	Gd	Tb	Dy	Ho	Er	Tm	Yb	Lu	Y
DQW - 15	晚期萤石	18.7	28.8	3.34	12.8	2.55	0.123	3.27	0.667	4.45	0.908	2.62	0.371	2.39	0.349	46.7
DQW - 56	单矿物	9.92	20.6	2.82	11.6	3.19	0.186	4.47	0.946	6.28	1.38	3.73	0.502	3.16	0.463	72.3
D08 - 12	晚期脉	18.8	37.4	4.28	16.4	3.78	0.239	5.13	1.15	7.35	1.52	4.46	0.679	4.32	0.604	71.0
D08 - 13	状矿石	20.6	39.1	4.52	17.7	3.86	0.235	5.27	1.10	7.11	1.47	4.53	0.695	4.36	0.633	77.0
DQW - 53	早期凝灰	18.8	40.7	5.56	23.5	6.87	0.290	6.94	1.48	10.1	2.27	6.82	1.10	7.74	1.16	61.5
DQW - 54	岩中矿石	19.2	48.6	7.69	33.9	13.3	0.557	15.8	3.22	20.6	4.39	12.3	1.88	11.4	1.68	146
DQW - 50	早期花岗斑岩	51.6	102	12.1	45.5	8.07	0.428	6.39	0.926	5.63	1.11	3.29	0.487	3.47	0.513	31.4
DQW - 55	中矿矿石	49.9	99.0	12.6	46.4	9.58	0.473	7.58	1.21	7.24	1.44	4.24	0.638	4.15	0.649	36.7

样品号	岩性	Sr	Rb	Ba	Th	Ta	Nb	Zr	Hf	ΣREE	LREE	HREE	L/R	La_N/Yb_N	δEu	δCe
DQW - 15	晚期萤石	64.7	19.2	90.0	1.97	0.108	1.95	15.9	0.479	81.34	66.31	15.03	4.41	5.29	0.13	0.80
DQW - 56	单矿物	111	23.9	53.1	3.15	0.122	3.63	38.9	0.689	69.25	48.32	20.93	2.31	2.12	0.15	0.90
D08 - 12	晚期脉	102	14.9	35.6	6.88	0.107	9.14	0.243	106.11	80.90	25.21	3.21	2.94	0.17	0.95
D08 - 13	状矿石	99.9	18.0	53.8	7.53	0.168	3.19	11.6	0.364	111.18	86.02	25.17	3.42	3.19	0.16	0.92
DQW - 53	早期凝灰	31.9	197	423	23.3	3.11	24.7	199	9.43	133.33	95.72	37.61	2.55	1.64	0.13	0.93
DQW - 54	岩中矿石	41.9	201	524	21.2	2.78	37.6	413	10.6	194.52	123.25	71.27	1.73	1.14	0.12	0.94
DQW - 50	早期斑岩	62.0	222	502	20.7	2.02	17.7	236	8.73	241.51	219.70	21.82	10.07	10.05	0.13	0.93
DQW - 55	中矿石	47.2	266	727	20.7	2.07	17.6	213	8.52	245.10	217.95	27.15	8.03	8.13	0.16	0.91

注：DQW -53 和 DQW -54 样品为赋存于黄尖组火山岩的铀矿石；DQW -50 和 DQW -55 为赋存在花岗斑岩中铀矿石。

以熔结凝灰岩为赋矿主岩的早期红化铀矿石，ΣREE 含量区间为 $133.33 \times 10^{-6} \sim$ 194.52×10^{-6}（均值 163.93×10^{-6}），$\Sigma LREE/\Sigma HREE$ 比值范围为 $1.73 \sim 2.55$（均值 2.14），La_N/Yb_N 值和 δEu 均值分别为 1.39、0.13。赋存在花岗斑岩中的早期红化铀矿石，ΣREE 含量区间为 $241.51 \times 10^{-6} \sim 245.10 \times 10^{-6}$（均值 243.31×10^{-6}），$\Sigma LREE/\Sigma HREE$ 比值范围为 $8.03 \sim 10.07$（均值 9.05），La_N/Yb_N 值和 δEu 均值分别为 9.07 和 0.17。

以铀 – 萤石 – 硫化物为特征的晚期脉状铀矿石，ΣREE 为 $106.11 \times 10^{-6} \sim 111.18 \times 10^{-6}$（平均 108.65×10^{-6}），$\Sigma LREE/\Sigma HREE$ 为 $3.21 \sim 4.42$（均值 3.32），La_N/Yb_N 值为 $2.94 \sim 3.19$（均值 3.07），δEu 均值为 0.17。其中单矿物萤石中的 ΣREE 为 69.25×10^{-6} $\sim 81.34 \times 10^{-6}$（平均 75.3×10^{-6}），$\Sigma LREE/\Sigma HREE$ 为 $2.31 \sim 4.41$（均值 3.36），La_N/Yb_N 值为 $2.21 \sim 5.29$（均值 3.75），δEu 均值为 0.14。

不同性质铀矿石样品的稀土元素球粒陨石标准化分布型式见图 8 – 2。结合相应未蚀变原岩的稀土元素特征，大桥坞矿床铀矿石稀土元素表现出以下几个方面特征：

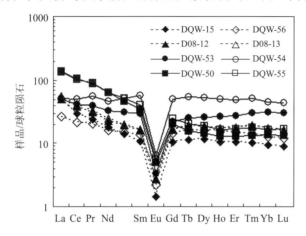

图 8 – 2　大桥坞矿床铀矿石稀土元素球粒陨石标准化分布型式

（标准化数据据 Talyor et al.，1985）

（1）总体而言，早、晚两期铀矿石以及晚期矿石中萤石单矿物的稀土元素特征具有相似性

虽说不同性质样品稀土元素有关特征值存在一定的差异，如早期矿石稀土元素总量高于晚期矿石，但它们的球粒陨石标准化配分型式大致相似，均表现出轻稀土元素相对富集、略微右倾型、Eu 强烈亏损。

考虑到早期铀矿成矿作用主要以渗入成矿作用为特征，原岩的稀土元素特征影响很大，其稀土元素配分型式大致继承了相应的原岩特征，不能很好地反映成矿流体信息。晚期矿石及其中的萤石单矿物均为晚期铀成矿作用形成的新生产物，基本不含围岩成分，其稀土元素地球化学特征可以很好地反映晚期成矿流体的性质。

花岗斑岩中红化铀矿石的稀土元素总量以及轻、重稀土之间的分馏程度明显高于熔结凝灰岩中铀矿石，与未蚀变花岗斑岩、熔结凝灰岩之间的差异是一致的，具有继承性。晚期矿石及其中单矿物萤石与赋矿围岩三者之间，在稀土元素配分曲线及元素特征值同样表现出相似性，则暗示铀成矿物质来源与围岩具有内在成因联系，或与围岩岩浆具有相似的源区性质。

（2）与相应的未蚀变赋矿原岩（黄尖组熔结凝灰岩或花岗斑岩）比较，早期红化铀矿石中的 ΣREE 含量明显降低

如凝灰岩中红化铀矿石，ΣREE 含量由原岩的 211.31×10^{-6} 下降为 163.93×10^{-6}，降低幅度为 22.4%；与之相对应，花岗斑岩的 ΣREE 含量为 421.17×10^{-6}，而其中发育的红化铀矿石的 ΣREE 含量仅为 243.31×10^{-6}，下降幅度达 42.2%。

分析显示，导致上述红化铀矿石中 ΣREE 含量下降的主要原因是矿石中 $\Sigma LREE$ 含量较原岩明显降低所致，而矿石与相应的赋矿原岩之间的 $\Sigma HREE$ 含量基本没有变化。这在 $\Sigma LREE/\Sigma HREE$ 比值和 La_N/Yb_N 值上同样得以体现，凝灰岩的 $\Sigma LREE/\Sigma HREE$ 比值和 La_N/Yb_N 值分别为 4.31 和 3.96，其中发育的铀矿石的上述特征值分别为 2.14 和 1.39；花岗斑岩的 $\Sigma LREE/\Sigma HREE$ 比值和 La_N/Yb_N 值分别为 14.98 和 19.40，其中的铀矿石则分别为 9.05、9.07。

进一步研究发现，与相应围岩比较，早期红化铀矿石中不同稀土元素含量变化具有规律性。图 8－3 清晰显示，在铀成矿流体作用过程，熔结凝灰岩与花岗斑岩表现出相同的稀土元素含量变化趋势，La—Sm 等轻稀土元素含量明显下降，且均以 Ce 降低幅度最大，其次是 La、Nd、Pr、Sm，Gd—Lu 等重稀土元素几乎没有变化或略有增加，Eu 位于上述变化的转折位置。

上述特征表明，在早期铀成矿流体作用下，在铀沉淀富集成矿同时，轻稀土元素存在显著的迁出现象，而重稀土元素基本不发生活化迁移，带入现象也不明显；说明早期成矿流体性质不仅利于携带铀，也可以促使岩石中轻稀土元素活化，而与重稀土则反应不灵敏，由此推测成矿流体可能为（弱）酸性。

Ce 在自然界有 Ce^{3+}、Ce^{4+} 两种价态，弱碱性条件下，$Eh = 0.3V$ 时，Ce^{3+} 即可被氧化为 Ce^{4+}，而 Ce^{4+} 的化学性质明显不同于其他三价稀土离子，容易形成难溶的 Ce（OH）$_4$ 并沉淀，即在氧化条件下 Ce 不易大量被活化迁移。大桥坞矿床红化铀矿石较原岩的 Ce 含量有大幅度的降低，说明早期成矿流体氧逸度较低。

热液与岩石反应的最终结果是向着两者平衡的趋势演化。大桥坞早期成矿作用过程，导致岩石中轻稀土含量向着降低的方向变化，暗示早期成矿流体轻稀土元素相对较低。

（3）凝灰岩中铀矿石的 δEu 为 0.14，较凝灰岩（0.07）原岩明显升高；花岗斑岩中铀矿石的 δEu 为 0.17，较花岗斑岩（0.36）则显著降低，两者变化趋势相反，但结果趋于近似，表现出"削高填低"的现象

这种"削高填低"现象实质反映的是流体与围岩之间的质量平衡过程。据此可推断早期成矿流体具有 Eu 明显亏损特点，估计其 δEu 值介于 0.14~0.17 之间，似乎具有凝灰岩和花岗斑岩两者的混合特征。晚期脉状萤石型铀矿石的 δEu 为 0.17，与早期红化铀矿石以及由此估计早期成矿流体的 δEu 值完全一致。据此推测早、晚期成矿物质来源及其流体性质具有相似性，成矿流体的形成与黄尖组凝灰岩和花岗斑岩之间具有密切的成因关系，同时均体现出成矿流体源区具有还原性。

图 8－4 为不同性质铀矿石样品的微量元素蛛网图。总体可见，早期铀矿石表现出相对富集大离子亲石元素 K、Rb 和高场强元素 Th、Ce、Hf、Sm，强烈亏损 Sr、Ba、P 和 Ti，高场强元素 Ta、Nb 呈现弱亏损。与赋矿围岩原岩比较，除元素 Ba 有明显的相对富

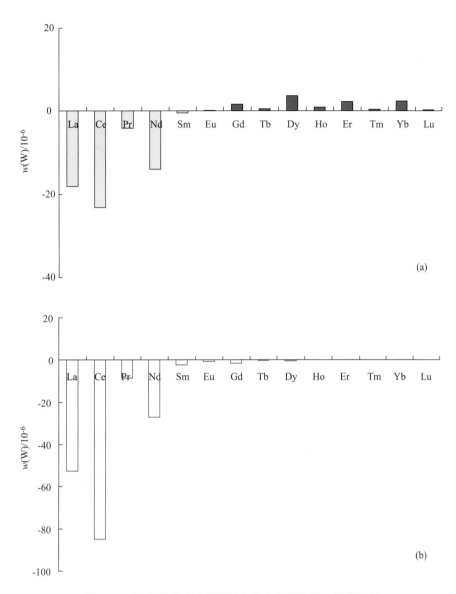

图 8 – 3　早期铀成矿过程围岩中稀土元素富集—亏损图解

（a）凝灰岩型矿石；（b）花岗斑岩型矿石

集，Ce 存在一定程度的相对亏损外，矿石微量元素蛛网图与酸性系列岩浆岩蛛网图特征相似（见第五章），基本继承了赋矿围岩的蛛网图特征。

晚期铀－萤石－硫化物脉状矿石或矿石中萤石单矿物微量元素蛛网图显示，大离子亲石元素 K、Rb 和高场强元素 Th、Ce、Sm 相对富集，而亏损 Ba、Ta、Nb 等不相容元素。虽说微量元素含量绝对值较赋矿围岩明显偏低，然在蛛网图形态特征与围岩，特别是花岗斑岩（体现出相对明显 Ce 峰）是基本一致的，暗示晚期铀成矿物质与酸性系列岩浆，特别是与花岗斑岩具有内在的成因联系和相似的源区特征，印证了由稀土元素地球化学特征得出的认识的正确性。

与早期红化铀矿石比较，晚期脉状铀矿石蜘蛛网表现出特殊性，主要体现在 Ce、Sm

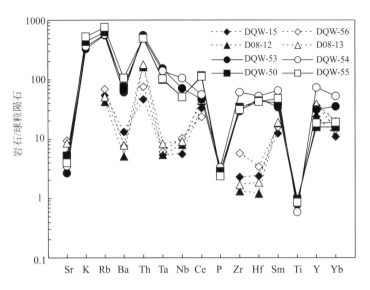

图 8 - 4 大桥坞矿床铀矿石微量元素球粒陨石标准化蛛网图

峰明显突出，重稀土元素如 Y、Yb 等元素含量基本与赋矿围岩一致。分析认为，后者是由于晚期成矿流体以 F⁻ 为主，在溶液中更易与重稀土元素形成稳定的络合物原因所致；Ce 峰的明显突出，喻示流体中含有相对富集的 Ce，进而可以推断晚期流体氧逸度较低，具有还原性特征。

表 8 - 5 列出了大桥坞不同性质铀矿石中过渡金属元素及相关金属元素的分析结果。图 8 - 5 为铀矿石中过渡金属元素蛛网图。

表 8 - 5　大桥坞矿床铀矿石中过渡金属元素分析结果（$w_B/10^{-6}$）

样号	性质	Sc	V	Cr	Co	Ni	Cu	Zn	Mo	Cd	Pb	Th	U
DQW - 15	晚期萤石单矿物	3.44	31.8	114	2.90	86.9	6.19	3.59	5.35	0.09	38.7	1.97	185
DQW - 56		2.75	41.2	3.01	2.95	33.7	9.75	21.8	3.16	0.17	157	3.15	379
D08 - 12	晚期脉状矿石	1.16	0.57	2.76	1.49	6.40	3.54	18.1	17.2	0.12	12.8	6.88	134
D08 - 13		1.20	0.77	2.98	1.33	6.28	3.98	11.0	13.0	0.08	14.2	7.53	164
DQW - 53	早期凝灰岩中矿石	2.95	8.91	97.6	9.63	5.53	75.0	479	7.74	2.35	369	23.3	492
DQW - 54		3.50	6.48	54.5	7.27	6.56	38.5	4559	32.1	19.4	2044	21.2	6231
DQW - 50	早期斑岩中矿石	3.58	6.47	81.0	10.2	3.93	132	73.4	28.1	0.35	312	20.7	976
DQW - 55		3.37	3.35	64.4	10.3	3.41	38.3	224	21.0	1.19	136	20.7	666

　　结合实测数据发现，早期铀矿石的球粒陨石标准化曲线总体与黄尖组凝灰岩、花岗斑岩的基本一致，但铀矿石中存在 Zn、Pb 元素的显著富集作用，这与矿石中往往可见方铅矿、闪锌矿共生是一致的；铀矿石中 Zn 最高含量达 4559×10^{-6}，Pb 最高含量达 2044×10^{-6}，且与矿石铀含量高低大致表现出正消长关系，说明在铀成矿过程中，存在外来的 Zn、Pb 带入，U、Zn、Pb 是同步富集，均为早期成矿流体作用的产物。Zn 通常在酸性热液中以氯（或氟）化物络合物形式搬运（刘英俊等，1986），暗示早期成矿流体可能

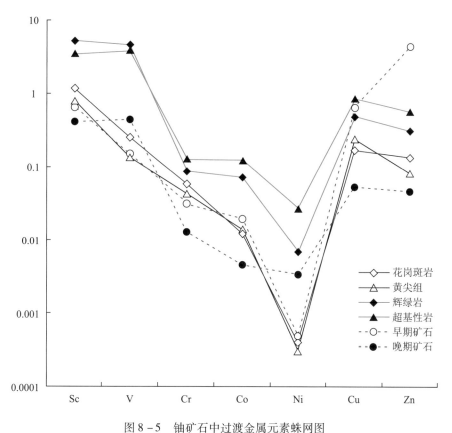

图 8 – 5 铀矿石中过渡金属元素蛛网图

（标准化数据据 Sun，1982；Sc 的标准化数据引自 Bougault et al.，1980）

偏酸性，与依据稀土元素含量变化特征推测流体具酸性的认识相吻合。结合它们并非是变价元素这一地球化学特点，它们与铀元素的共沉淀富集现象，可能喻示着一个重要的铀成矿机理信息：即大桥坞矿床早期铀沉淀并富集成矿的主要诱因并非是还原作用，而主要是温度或压力的下降或 pH 值的变化等因素所致。

晚期矿石的过渡元素配分曲线与酸性系列岩浆岩有较大的差异，而类似于区内发育的辉绿岩脉和超基性岩，暗示晚期成矿流体与深部地幔物质之间存在成因联系。

前人研究业已表明，闪锌矿在富集成矿过程中，其伴生元素组成及含量的多少与成矿温度条件存在密切的关系（刘英俊等，1986）。大桥坞早期铀矿石中 Zn 与 Cd、Pb 与 Cd 表现出良好的正相关关系（图 8 – 6），暗示早期铀矿石可能是在中温条件下形成的。

二、Sr、Nd、Pb 同位素

为较为准确地掌握成矿流体同位素地球化学特征，本次研究以晚期铀 – 萤石 – 硫化物脉状铀矿石中成矿期形成的脉石矿物——萤石为研究对象，开展了成矿流体 Sr、Nd 同位素的测定工作，以晚期脉状矿石中共生的黄铁矿和水云母化蚀变过程形成的黄铁矿为测试对象，开展了大桥坞矿床铀成矿流体 Pb 同位素组成研究。

萤石 Sr、Nd 同位素测定数据与计算结果分别列于表 8 – 6。由于本次未获得铀 – 萤石 – 硫化物脉状矿体的成矿年龄，暂取红化铀矿石年龄（52.2 Ma）为本次计算下限年龄。

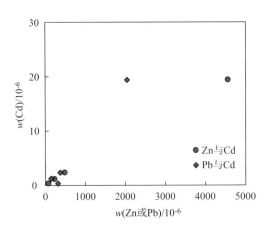

图 8-6　早期铀矿石中 Zn、Pb 与 Cd 关系

表 8-6　新路盆地围岩与铀矿石 Sr-Nd 同位素组成及计算结果（$T=52.2$ Ma）

样品号	性质	$\dfrac{Rb}{10^{-6}}$	$\dfrac{Sr}{10^{-6}}$	$\dfrac{^{87}Rb}{^{86}Sr}$	$^{87}Sr/^{86}Sr$	I_{Sr}	ε_{Sr}	$\dfrac{Sm}{10^{-6}}$	$\dfrac{Nd}{10^{-6}}$	$\dfrac{^{147}Sm}{^{144}Nd}$	$\dfrac{^{143}Nd}{^{144}Nd}$	$\left(\dfrac{^{143}Nd}{^{144}Nd}\right)_i$	ε_{Nd}
DQW-14	萤石	12.5	38.8	0.9296	0.711988	0.71130	97.4	1.36	7.38	0.1117	0.512251	0.512213	-7.0
DQW-51		18.3	44.7	1.1876	0.712948	0.71207	108.3	1.67	7.24	0.1398	0.512297	0.512249	-6.3
DQW-09	黄尖组	57.7	7.87	21.2091	0.752385	0.73672	458.2	6.93	36.0	0.1164	0.512251	0.512211	-7.0
DQW-45		234	14.4	46.9222	0.798795	0.76414	847.5	9.59	52.3	0.1110	0.512281	0.512243	-6.4
YM-08		251	32.9	22.1370	0.741075	0.72473	288.0	7.65	33.2	0.1392	0.512285	0.512238	-6.5
DQW-04	花岗斑岩	176	52.1	9.7523	0.726819	0.71962	215.4	8.54	72.0	0.0717	0.512258	0.512234	-6.6
DQW-16		153	52.6	8.4364	0.724990	0.71876	203.3	8.39	69.0	0.0735	0.512215	0.512190	-7.4
DQW-17a		255	30.6	24.1881	0.754665	0.73680	459.4	8.54	70.0	0.0738	0.512256	0.512231	-6.6
DQW-12	辉绿岩	107	412	0.7504	0.709696	0.70914	66.8	5.48	38.0	0.0873	0.51239	0.512360	-4.1
DQW-42		22	486	0.1309	0.707332	0.70724	39.7	3.78	26.5	0.0862	0.51249	0.512461	-2.2
DQW-43		89.6	305	0.8495	0.708196	0.70757	44.4	3.00	17.8	0.1015	0.51247	0.512435	-2.6

　　结果显示，两个晚期脉状矿石中萤石样品的 $^{87}Sr/^{86}Sr$ 初始值分别为 0.71130、0.71207，ε_{Sr} 分别为 97.4、108.3。两个样品萤石的 $\left(^{143}Nd/^{144}Nd\right)_i$ 分别为 0.512213 和 0.512249，$\varepsilon_{Nd}(t)$ 分别 -7.0、-6.3。两个样品的 Sr、Nd 同位素组成基本一致。

　　依据本次研究获取的黄尖组熔结凝灰岩、花岗斑岩和辉绿岩等岩石 Sr、Nd 同位素组成，计算可得基于 52.2 Ma 时岩石的 $^{87}Sr/^{86}Sr$ 初始值、ε_{Sr} 值和 $\left(^{143}Nd/^{144}Nd\right)_i$ 和 $\varepsilon_{Nd}(t)$ 值。结果显示（表 8-6），新路盆地黄尖组熔结凝灰岩 $^{87}Sr/^{86}Sr$ 初始值和 ε_{Sr} 值范围分别为 0.72473 ~ 0.76414（均值 0.74186）、288.0 ~ 847.5（均值 531.2），$\left(^{143}Nd/^{144}Nd\right)_i$ 和 $\varepsilon_{Nd}(t)$ 值范围为 0.512211 ~ 0.512243（均值 0.512231）、-6.4 ~ -7.0（平均 -6.6）；花岗斑岩 $^{87}Sr/^{86}Sr$ 初始值和 ε_{Sr} 值分别为 0.71876 ~ 0.73680（平均 0.72506）、215.4 ~ 459.4（平均 292.7），$\left(^{143}Nd/^{144}Nd\right)_i$ 和 $\varepsilon_{Nd}(t)$ 值范围为 0.512190 ~ 0.512234（均值 0.512218）、-6.6

~ −7.4（平均 −6.9）；辉绿岩$^{87}Sr/^{86}Sr$初始值和ε_{Sr}值分别为 0.70724 ~ 0.70914（平均 0.70798）、39.7 ~ 66.8（50.3），$(^{143}Nd/^{144}Nd)_i$和$\varepsilon_{Nd}(t)$值范围为 0.512360 ~ 0.512461（平均 0.512419）、−2.2 ~ −4.1（平均 −3.0）。

比较可见，代表晚期成矿流体同位素组成特征的单矿物萤石$^{87}Sr/^{86}Sr$初始值和ε_{Sr}值明显小于黄尖组熔结凝灰岩和花岗斑岩，大于但更接近于辉绿岩的$^{87}Sr/^{86}Sr$初始值和ε_{Sr}值，即萤石的 Sr 同位素介于酸性系列岩石和辉绿岩之间，暗示来自岩石圈富集地幔的幔源物质对成矿流体形成具有重要贡献。萤石的$(^{143}Nd/^{144}Nd)_i$值和$\varepsilon_{Nd}(t)$值明显小于辉绿岩的$(^{143}Nd/^{144}Nd)_i$值和ε_{Nd}值，其值域与黄尖组熔结凝灰岩和花岗斑岩的$(^{143}Nd/^{144}Nd)_i$值以及$\varepsilon_{Nd}(t)$值变化范围存在一定程度的重叠，然而由黄尖组熔结凝灰岩、花岗斑岩到更晚期形成的铀–萤石–硫化物型矿石，$(^{143}Nd/^{144}Nd)_i$值和$\varepsilon_{Nd}(t)$值总体表现出依次升高的趋势，同样喻示铀成矿作用中存在幔源物质的参与。

表 8–7 为晚期脉状矿石中黄铁矿和水云母化蚀变带中黄铁矿的 Pb 同位素组成。来自晚期铀–萤石–硫化物脉状铀矿石的 2 个黄铁矿样品的$^{208}Pb/^{204}Pb$、$^{207}Pb/^{204}Pb$、$^{206}Pb/^{204}Pb$分别为 38.067 ~ 38.424，15.527 ~ 16.048，18.739 ~ 28.377；来自水云母蚀变带的 2 个黄铁矿的$^{208}Pb/^{204}Pb$、$^{207}Pb/^{204}Pb$、$^{206}Pb/^{204}Pb$分别为 38.125 ~ 38.393，15.524 ~ 15.582，18.065 ~ 18.147。除样品 DQW–14 的$^{206}Pb/^{204}Pb$值差异较大外（28.633，存在异常 Pb 所致），其他样品的相关 Pb 同位素组成基本一致，说明导致赋矿围岩发育水云母化蚀变带的流体与晚期成矿流体具有相似的 Pb 同位素组成，两者（或两期成矿流体）具有同源性。

表 8–7　大桥坞矿床 Pb 同位素组成

序号	样号	性质	$^{208}Pb/^{204}Pb$	$^{207}Pb/^{204}Pb$	$^{206}Pb/^{204}Pb$	备注
1	DQW–04	花岗斑岩	38.303	15.542	18.125	围岩
3	DQW–17a	花岗斑岩	38.950	15.575	18.950	
2	DQW–09	凝灰岩	38.537	15.579	18.243	
7	DQW–45	凝灰岩	38.845	15.564	18.536	
5	DQW–42	辉绿岩	38.740	15.594	18.555	
6	DQW–43	辉绿岩	38.330	15.543	18.377	
9	DQW–14	黄铁矿	38.242	16.048	28.633	晚期矿石
10	DQW–51	黄铁矿	38.067	15.529	18.739	
11	DQW–38	黄铁矿	38.125	15.524	18.065	蚀变带
12	DQW–17	黄铁矿	38.391	15.582	18.147	

前述章节已经表明，大桥坞矿区发育的花岗斑岩的$^{208}Pb/^{204}Pb$、$^{207}Pb/^{204}Pb$、$^{206}Pb/^{204}Pb$均值分别为 38.627、15.559、18.538；与之相对应，黄尖组凝灰岩 Pb 同位素组成均值分别为 38.691、15.572、18.390；辉绿岩的$^{208}Pb/^{204}Pb$、$^{207}Pb/^{204}Pb$、$^{206}Pb/^{204}Pb$均值依次为 38.535、15.569、18.466。显然，来自晚期铀矿石和围岩蚀变带的黄铁矿 Pb 同位素组成（除 DQW–14 外），与上述 3 个岩石单元的 Pb 同位素组成基本吻合，在$^{207}Pb/^{204}Pb$ ~ $^{206}Pb/^{204}Pb$图上（图 8–7），不同样品投影点重合性较好。暗示成矿物质来源可能与黄尖组火山岩、或花岗斑岩、或辉绿岩有相似的源区特征。由于黄尖组与花岗斑岩具有相同

的源区特征，而来自富集地幔的辉绿岩具有与之相似的 Pb 同位素组成，因此，仅根据 Pb 同位素组成特征，无法作出铀成矿物质主要来源于酸性系列岩石，还是来源于辉绿岩，或与何种岩石（源区）关系更为密切的判断。

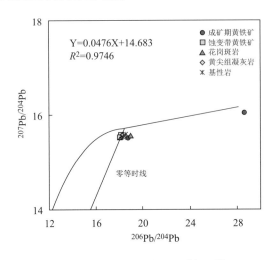

图 8-7　大桥坞矿床 $^{207}\mathrm{Pb}/^{204}\mathrm{Pb}-^{206}\mathrm{Pb}/^{204}\mathrm{Pb}$ 图解

三、H、O、S 同位素

本次研究工作分别以萤石矿物流体包裹体为测定对象研究成矿流体 H、O 同位素组成，以黄铁矿单矿物为介体研究成矿流体的 S 同位素组成。用于上述单矿物分离的样品新鲜，基本未遭受表生风化作用，其中萤石（2 个）来自大桥坞矿床晚期脉状铀矿石，黄铁矿则分别来自晚期脉状矿石（4 个）、早期红化矿石（1 个）和蚀变围岩（4 个）。晚期铀矿石以脉状充填，矿石矿物组合主要为萤石＋黄铁矿，均为晚期成矿流体作用过程中结晶的产物；取自早期红化矿石和蚀变围岩的黄铁矿以分散浸染状产出，是成矿流体导致围岩蚀变过程的同期产物。在早期、晚期矿石和蚀变围岩中的含硫金属矿物主要为黄铁矿、方铅矿和闪锌矿等，$\delta^{34}\mathrm{S}_{硫化物}\approx\delta^{34}\mathrm{S}_{\Sigma\mathrm{S}}$。因而，可以利用上述矿物来示踪大桥坞矿床成矿流体的 H、O 或 S 同位素组成。

萤石流体包裹体 $\delta^{18}\mathrm{O}$、$\delta\mathrm{D}$ 和黄铁矿 S 同位素测定结果列于表 8-8。

表 8-8　大桥坞矿床成矿流体氢、氧、硫同位素测定结果

样号	测定对象	氧同位素/‰	氢同位素/‰	硫同位素/‰	备注
		$\delta^{18}\mathrm{O}$	$\delta\mathrm{D}$	$\delta^{34}\mathrm{S}_{\mathrm{CDT}}$	
DQW-14	萤石	-10.7	-83		晚期矿石
DQW-51	萤石	-10.2	-86		
DQW-14	黄铁矿			-3.40	
DQW-51	黄铁矿			-8.36	晚期矿石
D08-12	黄铁矿			-2.71	
D08-13	黄铁矿			-2.18	

样号	测定对象	氧同位素/‰	氢同位素/‰	硫同位素/‰	备注
		$\delta^{18}O$	δD	$\delta^{34}S_{CDT}$	
DQW - 13	黄铁矿			- 10. 43	早期矿石
D08 - 4	黄铁矿			7. 31	蚀变带
DW - 08	黄铁矿			7. 45	(黄尖组)
DQW - 17	黄铁矿			6. 67	蚀变带
DQW - 21	黄铁矿			8. 63	(花岗斑岩)

注：H、O 同位素由国土资源部矿产资源研究所测试中心分析；S 同位素由东华理工大学核资源与环境教育部重点实验室完成。实验条件：把待测矿物碎样，在镜下挑出单矿物，研磨至 200 目以下，称取含 S 20 ~ 100 μg 待测样品，在 1020℃下氧化为 SO_2，用 Flash - EA 与 MAT - 253 质谱仪联机测试所得。精度：$\delta S \leq 0.2‰$。

萤石（CaF_2）为名义上的无水矿物，在矿物结晶形成之后，基本不存在 H、O 同位素的分馏作用，它的同位素组成可以很好地反映成矿流体的 H、O 同位素组成特征。结果显示，来自晚期矿石的 2 个萤石样品流体包裹体的 $\delta^{18}O$、δD 组成非常接近，$\delta^{18}O$、δD 平均值分别为 - 10.5‰、85‰，在 $\delta D - \delta^{18}O$ 图解中（图 8 - 8），数据投影点远离岩浆水和变质水，而落在大气降水线旁侧。产生上述现象的原因可能有两个，其一是大桥坞矿床晚期铀成矿流体中的 H_2O 主要来自大气降水或地表水；其二也可能是成矿流体结晶过程使得晚期流体相中重氧亏损的结果（刘丛强等，2004）。

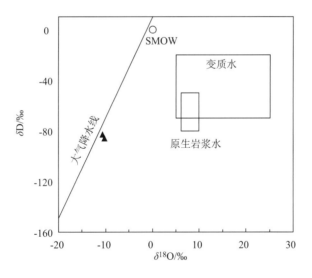

图 8 - 8　大桥坞矿床晚期成矿流体 $\delta D - \delta^{18}O$ 图解

S 同位素统计结果显示，早期铀矿石中黄铁矿的 $\delta^{34}S_{CDT}$ 值为 - 10.43‰，晚期脉状铀矿石中黄铁矿的 $\delta^{34}S_{CDT}$ 值变化范围为 - 2.17‰ ~ - 8.36‰，平均 - 4.16‰，早、晚两期矿石的 $\delta^{34}S_{CDT}$ 值表现出一致的负值，且大致相近，说明大桥坞矿床早、晚两期成矿流体中的 S 同位素具有相似的源区性质。与矿石中黄铁矿 $\delta^{34}S_{CDT}$ 组成形成明显反差的是，来自黄尖组熔结凝灰岩或花岗斑岩的水云母化蚀变围岩中黄铁矿的 $\delta^{34}S_{CDT}$ 值均表现为一致的正值，变化范围不大（6.67‰~8.63‰），平均值为 7.52‰。

大量的研究资料显示，地幔岩中的 S 同位素相对均一，其 $\delta^{34}S_{CDT}$ 值集中分布于 -1‰ ~ +1‰之间（Deines，1989；刘丛强等，2004）。通常的观点是，$\delta^{34}S_{CDT}$ 值在负方向上的偏离是生物成因或受到含生物成因硫化物沉积物的混染，在正方向上的偏离认为是来自海水或受到海相硫酸盐沉积物混染的结果；地表风化作用会导致富含 ^{34}S 的硫酸盐被溶解并带走，结果使得残留黄铁矿 S 同位素相对富 ^{32}S 而贫 ^{34}S（$\delta^{34}S_{CDT}$ 变负）。

本次采集的用于挑选黄铁矿单矿物的岩石或矿石样品均为新鲜、基本未遭受表生风化作用，黄铁矿均为成矿流体作用的产物。此外，大桥坞铀矿床发育在火山岩内，成矿作用与岩浆作用背景相关，且成矿时期处于内陆构造环境，远离海洋。再者，如果是受到风化作用、或者是生物成因、或者是海水来源，以及相关地壳沉积物混染等某个方面因素影响所致，那么铀矿石及与之有成因联系的蚀变围岩中的黄铁矿 S 同位素应表现出一致同位素组成特征，不会产生水云母化蚀变围岩中黄铁矿 $\delta^{34}S_{CDT}$ 值均为正，而矿石黄铁矿 $\delta^{34}S_{CDT}$ 值均为负的明显反差现象。据此可否定大桥坞矿床黄铁矿具有的 S 同位素特征是上述因素影响所致的可能性。研究证明，岩浆中 SO_2 和 H_2S 等组分的去气作用会引起岩浆熔体同位素组成发生较大的变化，如火山喷出岩的 $\delta^{34}S_{CDT}$ 值较相应的深成岩要大，且 $\delta^{34}S_{CDT}$ 一般为正值（陈俊等，2004；郑永飞等，1996）。

综上分析认为，最有可能造成大桥坞矿床铀矿石中黄铁矿 $\delta^{34}S_{CDT}$ 值一致为负，而蚀变围岩中黄铁矿 $\delta^{34}S_{CDT}$ 值一致为正的原因，是一种类似于岩浆去气作用所致，是成矿流体本身产生的沸腾去气作用导致成矿流体的 S 同位素分馏作用。铀矿体发育通常与隐爆作用及由此形成的隐爆角砾岩相关（毛孟才，2003，2006；陈爱群，1997），说明成矿流体压力大，气体成分多，支持成矿流体成矿过程存在去气作用的观点。正是由于成矿流体本身的去气作用，流体向外扩散过程携带了大量的 SO_2 或 H_2S 气体，因而围岩蚀变过程形成的黄铁矿相对富集 ^{34}S（$\delta^{34}S_{CDT}$ 值为正），而成矿流体沉淀成矿部位（即矿体）形成的黄铁矿则相对富集 ^{32}S、贫 ^{34}S（$\delta^{34}S_{CDT}$ 值为负）。

如果将大桥坞矿床矿石中黄铁矿 $\delta^{34}S_{CDT}$ 值与蚀变围岩中黄铁矿 $\delta^{34}S_{CDT}$ 值进行加权平均，得到大桥坞矿床的 ΣS 的 $\delta^{34}S_{CDT}$ 值为 0.03，接近于 0，显示地幔硫的特征。该结果很好地印证了上述关于大桥坞矿床 S 同位素在空间上的分布特征是成矿流体作用过程的去气作用导致 S 同位素发生分馏的推断，由此认为大桥坞矿床成矿流体中的 S 具有幔源属性。

第三节 铀成矿物质来源探讨

铀成矿物质来源问题是一个铀矿地质界长期存在争议的热点问题，也是研究工作的难点。基于 U 元素是亲石元素、不相容元素的基本地球化学理论，长期以来，铀矿地质界普遍的观点认为包括火山岩型在内的热液铀矿床主要为低温热液、浅成再造成因，成矿作用发生在壳内，主要与壳内热液作用相关，成矿物质源于地壳。在表述铀矿床成矿物质来源时，多依据地质体的含铀丰度高低确定潜在的铀源层（体），在阐述成矿物质来源时，"围岩热液蚀变导致源岩中铀的活化迁移，并在适合的部位富集成矿" 等类似于 "就地取材"式的表述在相关文献中普遍出现。依据"物质不灭定律"原理，作为铀成矿作用的铀源供给体，物源体供给铀的结果必然导致自身铀含量的相对亏损，而通常的事实是蚀变围岩中铀含量不仅没有降低，且往往较相应的未蚀变岩石含有更高的铀含量（王正其等，2008）。显然，至少对花岗岩型和火山岩型等热液型铀矿而言，"就地取材"式的成矿物质来源观点尚值得商榷。其实，随着研究的深入，众多的地质事实和地球化学数据显示，很多原先认为是地壳或地壳浅层热液作用形成的铀矿床，实际上与幔源物质（流体）参与密切相关（王正其等，2008；杜乐天，2001；李子颖等，1998，2005）。

一个不容置疑的地质事实是，包括火山岩型在内的热液铀矿床或矿体，在空间分布上，通常与富铀背景值的地质构造单元或地质体具有良好的对应性。这种空间上的叠合对应关系，体现的是一种"就地取材"式的成矿物源关系，还是地壳乃至壳幔作用过程及其构造岩浆长期演化，直至诱发铀成矿作用的体现或耦合的结果？作者认为，这种内在的成因联系需待重新考量，在今后工作中有必要引起重视并加以重点研究。对新路盆地的大桥坞火山岩型铀矿床而言，本次研究成果倾向于后一种推断。

虽然大桥坞矿床早、晚两期铀矿石是不同时代形成的相对独立的成矿作用产物，但依据国内外所有与火山岩或花岗岩相关的热液铀矿床，均存在红化铀矿石和以紫色萤石为特征的脉状充填铀矿石两期铀成矿产物这样一个地质事实现象（黄净白等，2004；王正其，2007；范洪海，2001；Dahlkamp，1993），可以推断矿床内发育的早、晚两期铀成矿作用，不是一个孤立的偶然现象，而是火山岩型铀成矿系统的必然组成部分，或者说是火山岩型铀成矿系统演化的必然结果，两期成矿作用在物质来源与驱动机制等方面存在相关性或一致性。从这个角度而言，基于晚期脉状铀矿石研究获得的成矿物质来源属性，总体上可以反映矿床成矿系统中的物质来源特征。鉴于早期铀矿石新生矿物少，获取信息难度大的特点，本书成矿物质来源研究工作主要以晚期铀矿石为主要切入点。

成矿物质来源包括溶剂和溶质两个方面，两者可以是一致的，也可以来自属性完全不同的两个源区。初步研究显示，大桥坞铀矿床早期铀成矿作用没有形成自身的独立脉体，矿体与围岩之间为渐变关系，铀矿物以分散浸染状赋存围岩中，以流体扩散渗入成矿为基本特点，新生矿物较少；晚期铀矿石则以同期新生矿物构成的独立矿脉形式存在，以脉状充填成矿为特征。结合矿石矿物组成特点，对大桥坞铀矿床成矿流体组成可作出如下定性推断：早期成矿流体以在量上占绝对的主导的 H_2O（气态）为主要溶剂，此外含浓度相对较低的 S、P 组分；晚期成矿流体溶剂以 F、S 组分为主，H_2O 组份的含量相对低得多，在流体组成中不是主导组分。

显然，早期成矿流体拥有的如此大量的 H_2O 组分，不可能直接来自岩浆期后热液，也不可能源自地壳深部的酸性系列岩浆源区，更不可能来自地幔，而最大的可能是深循环的地表水所致。在新路火山盆地火山岩中发育红色碎屑岩夹层，南侧发育白垩纪金衢红盆，以及在早白垩世—中、上新世，区域长期处于拉张伸展构造环境，可以满足地表水深循环的前提地质条件，也就是说，地表水深循环并形成成矿流体的可能性是存在的，早期成矿流体的主体溶剂组分 H_2O 来自深循环地表水，其中的 S、P 等则来自地幔，流体具有混合源特征。

来自萤石样品的 $\delta^{18}O$、δD 分别为 $-10.5‰$、$85‰$，说明晚期铀成矿流体中的 H_2O 也主要来自大气降水或地表水。黄铁矿中 S 同位素测试结果则表明（王正其等，2012），大

桥坞矿床的 ∑S 的 $\delta^{34}S_{CDT}$ 值为 0.03，具有明显的幔源属性，两者似相互抵触。对此作如下分析，来自地幔源区的成矿流体中水组分含量相对低或基本不含水，微量的地表水混入即可使得矿石流体包裹体中 H、O 同位素表现出大气降水的同位素特征，推断晚期脉状矿石中萤石样品的 $\delta^{18}O$、δD 值体现的是早期成矿流体的残留体或其运移至浅部混入的地表裂隙水的属性；晚期矿石以脉状充填形式存在，成矿流体以大量的 F、S 等为主导溶剂组分，其中 H_2O 组分及其作用不占主导地位，况且大气降水或地表水不可能提供如此大量的 F、S，其只能来自于岩石圈地幔源区甚至更深；萤石流体包裹体的 $\delta^{18}O$、δD 值未表现出大气降水与岩浆水的混合趋势，佐证了 H_2O 在来自深部的富含 F、S 的晚期成矿流体中含量甚微；∑S 的 $\delta^{34}S_{CDT}$ 值体现了大桥坞矿床晚期成矿流体主体溶剂的物源属性。因此，晚期铀成矿流体溶剂主体来源于岩石圈富集地幔或更深部位。

关于溶质——铀的来源问题，本书主要从稀土元素地球化学、微量元素地球化学以及矿石的 Sr、Nd、Pb 同位素特征等角度展开初步讨论。

讨论已经表明，虽然大桥坞矿床铀矿石、萤石单矿物的稀土元素和微量元素地球化学特征与赋矿围岩（黄尖组凝灰岩、花岗斑岩）存在略微的区别，然总体而言，它们的稀土元素球粒陨石配分型式和蛛网图形态基本一致，暗示铀源与黄尖组和花岗斑岩之间存在内在的成因联系和相似的源区性质。赋存于凝灰岩和花岗斑岩中的红化铀矿石的 δEu 值分别为 0.14、0.17，晚期矿石的 δEu 为 0.17，三者几乎相同，说明早、晚期成矿流体中的溶质来源及其流体性质具有相似性，印证了早、晚两期成矿作用是火山岩型铀成矿系统的必然组成部分，在物质来源与驱动机制等方面存在一致性的推论，同时也进一步说明成矿流体的形成与黄尖组凝灰岩和花岗斑岩之间密切的成因关系。成矿流体的 δEu 值介于黄尖组熔结凝灰岩（0.07）与花岗斑岩（0.36）之间，似乎暗示大桥坞矿床成矿流体中溶质是后两者的混合产物。在过渡金属元素组合特征上，晚期矿石与酸性系列岩浆岩表现出一定程度的差异，而类似于区内发育的辉绿岩脉或超基性岩，暗示晚期流体与基性岩脉之间存在成因联系。

为了更好地研究物质来源，研究工作将铀矿石、辉绿岩、花岗斑岩和黄尖组熔结凝灰岩作为成矿系统的统一体，开展了微量元素比值和 Sr – Nd 同位素联合示踪。

微量元素 Nb 与 Ta、Zr 与 Hf 的地球化学行为非常接近，它们的比值具有良好的示踪意义。统计表明，晚期矿石的 Nb/Ta 比值为 23.31，Zr/Hf 比值为 39.78；黄尖组熔结凝灰岩、花岗斑岩和辉绿岩的 Nb/Ta 比值分别为 10.00、12.96 和 17.76，Zr/Hf 比值依次为 18.69、26.37 和 35.66，表现出良好的随时间依次递增的演化趋势，晚期矿石的 Nb/Ta 和 Zr/Hf 比值与辉绿岩最为接近，其次是花岗斑岩，与火山作用早期产物黄尖组则差别较大。Zr/Hf – Nb/Ta 图解显示（图 8 – 9），早期红化铀矿石略有偏离但趋势并未改变，所有投影点基本处于一条良好的趋势直线上，印证了铀成矿作用与新路盆地岩浆作用及演化之间存在的内在成因联系。晚期矿石比早期矿石投影点更趋向于辉绿岩或位于辉绿岩与花岗斑岩之间，说明来自地幔深处的物质对成矿流体中溶质的贡献越来越大。铀源与辉绿岩和花岗斑岩关系更为密切。这与新路盆地岩浆演化过程晚期花岗斑岩中幔源组分比例增加的动态趋势是一致的。

$^{87}Sr/^{86}Sr$ – Sr 协变图解中（图 8 – 10a），黄尖组熔结凝灰岩、花岗斑岩和辉绿岩的投影点构成双曲线分布特征；$^{87}Sr/^{86}Sr$ – 1/Sr 图解显示（图 8 – 10b），萤石、辉绿岩、花岗

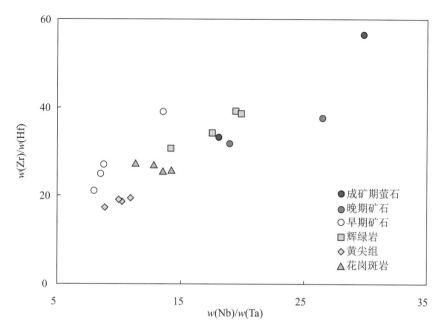

图 8-9　大桥坞矿床 Zr/Hf - Nb/Ta 图解

斑岩和黄尖组熔结凝灰岩的投影点具有良好的相关性（$R = 0.94$），喻示成矿流体的 Sr 同位素具有富集地幔源区与酸性系列岩浆源区的混合特征。演化趋势呈现出随时间由黄尖组熔结凝灰岩依次向花岗斑岩、萤石转变，并逐渐向辉绿岩靠拢，说明成矿流体中的 Sr 主要来源于辉绿岩。代表晚期铀矿石的萤石投影点严格位于花岗斑岩与辉绿岩投影区之间，表明晚期成矿流体主要是岩浆演化晚期来自辉绿岩的流体物质与花岗斑岩混合的结果。在 ^{143}Nd/^{144}Nd - 1/Nd 图解中（图略），上述地质体投影点之间相关性较差，说明成矿流体形成过程 Nd 同位素的混合特征相对较弱。

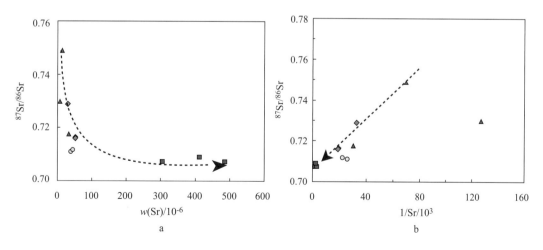

图 8-10　新路盆地大桥坞矿床 ^{87}Sr/^{86}Sr - Sr 和 ^{87}Sr/^{86}Sr - 1/Sr 图解

╌╌►表示 Sr 同位素随时间演化趋势；▲黄尖组凝灰岩；◆花岗斑岩；■辉绿岩；◯萤石

在 $\varepsilon_{Nd} - \varepsilon_{Sr}$ 图解中（图8-11a），铀矿石、辉绿岩、花岗斑岩、黄尖组熔结凝灰岩的投影点构成良好的"双曲线型"演化趋势线，代表晚期铀矿石的萤石投影区落在由黄尖组熔结凝灰岩与辉绿岩两个端元构成的演化趋势线上，并位于花岗斑岩与辉绿岩投影区之间，与新路盆地共生的系列岩浆岩的 $\varepsilon_{Nd} - \varepsilon_{Sr}$ 随时间演化趋势线一致。在 $(^{143}Nd/^{144}Nd)_i - (^{87}Sr/^{86}Sr)_i$ 图上（图8-11b），铀矿石、辉绿岩、花岗斑岩、黄尖组熔结凝灰岩的投影区同样构成良好的"双曲线式"演化趋势线，铀矿石投影区位于花岗斑岩的左侧，落在花岗斑岩与辉绿岩投影区之间。两个图解一致显示表征矿石 Sr、Nd 同位素特征的萤石投影区处于新路盆地中生代岩浆作用 Sr、Nd 演化趋势线上，并介于辉绿岩和花岗斑岩投影区之间，说明大桥坞矿床晚期成矿流体的成因与新路盆地岩浆作用演化深部过程密切相关，是深部壳幔作用晚期的产物，具有深部富集地幔源区物质的显著参与和与酸性系列岩石（特别是花岗斑岩）的混合特征。

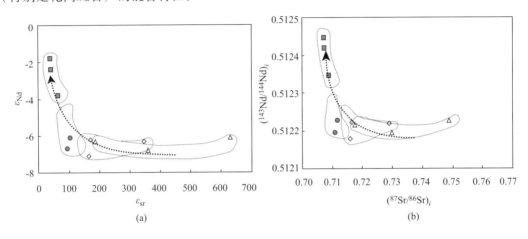

图8-11　大桥坞矿床晚期铀矿石中萤石的 Sr-Nd 同位素
- - - ▶ 表示 Sr-Nd 同位素随时间演化趋势；△黄尖组凝灰岩；◇花岗斑岩；■ 辉绿岩；● 萤石

图解还显示，从黄尖组熔结凝灰岩、花岗斑岩到萤石的 $^{87}Sr/^{86}Sr$ 初始值和 ε_{Sr} 值依次降低的趋势明显，相互之间区分度良好，至萤石的 $^{87}Sr/^{86}Sr$ 初始值和 ε_{Sr} 值已基本接近于辉绿岩值；相比而言，$(^{143}Nd/^{144}Nd)_i$ 值和 ε_{Nd} 值逐渐升高的变化趋势相对较为缓和，萤石 $(^{143}Nd/^{144}Nd)_i$ 值和 ε_{Nd} 值与黄尖组熔结凝灰岩和花岗斑岩的值大致接近或略高。说明成矿流体中的 Sr 主要来自富集地幔源区，Nd 则主要继承了酸性系列岩石及其源岩的特征。

表8-9列出了本次工作获得的新路盆地主要岩浆岩与邻区中新世超基性岩的 U、Th 丰度值。结果表明，新路盆地岩浆作用早阶段产物——黄尖组熔结凝灰岩 U、Th 丰度值分别为 6.74×10^{-6} 和 24.40×10^{-6}，晚阶段产物——花岗斑岩 U、Th 丰度分别为 5.50×10^{-6}、16.80×10^{-6}，说明酸性系列岩浆演化过程，U 并没有趋向于晚期形成的岩浆岩中富集。中新世来自软流圈的超基性岩具有最高的 U 丰度，U 含量变化范围为 $7.55 \times 10^{-6} \sim 53.5 \times 10^{-6}$，均值达 23.65×10^{-6}；该结果与杜乐天（2001）报道的浙江衢州西垄和乌石山地区来自地幔岩中单斜辉石 U 含量达 $25 \times 10^{-9} \sim 1800 \times 10^{-9}$，浆胞中熔体玻璃中 U 高达 $1000 \times 10^{-9} \sim 1860 \times 10^{-9}$，裂隙 U 则高达 $3450 \times 10^{-9} \sim 3720 \times 10^{-9}$ 的特征有相似性，表明数据是可靠的，说明衢州及新路地区软流圈富集地幔具有显著的富铀特征。辉绿岩

U、Th 丰度分别为 1.94×10^{-6} 和 5.76×10^{-6}，其 U 丰度值虽然较全球基性岩铀丰度明显偏高，但在研究区系列岩石中是最低的。辉绿岩如此低的铀含量明显与区域上伴生的、软流圈上涌形成的超基性岩具有的高 U 丰度相悖。如何看待作为新路盆地壳幔作用动力源——高温"轻物质流"发源地的软流圈物质具有高 U 丰度，然中生代系列岩浆作用晚期上侵形成的辉绿岩铀含量偏低，铀并未趋向于壳幔作用机制下形成的酸性系列晚期岩浆岩中富集，而铀成矿作用显然是中生代岩浆演化深部动力学过程的晚期事件与产物？结合晚期铀成矿时代（52.2 Ma 或更晚）与地幔物质转变（即软流圈物质替代岩石圈地幔）的时代基本吻合，本书给出以下初步解释：U 既是大离子亲石元素，又具有高场强元素特点，在来自深部高温"轻物质流"作用下，Sr、Ba、U 等元素同步从岩石圈富集地幔部分熔融过程中析出；Sr^{2+}、Ba^{2+} 与 K^+ 离子半径大小相似，岩浆演化过程趋向富集于高温钾长石及熔融岩浆中，而在壳幔作用源区 U 主要以 U^{4+} 形式存在，与 F、C 等关系密切，使得 U 随 F 或 C 等一起迁移并聚集在热液流体中而与熔融岩浆相对分离；在系列岩浆作用晚期（辉绿岩岩浆喷发之后），岩浆房渐趋冷却，其中残余热液或熔体中 U 会得到进一步富集；之后随软流圈物质的进一步上涌提供更多的 F、C 等气态物质（该过程也可能提供了 U），并萃取残余熔体中的铀，使得热液流体中更加富集而成为成矿流体；当压力、构造等相关条件具备时，成矿流体则向上运移并在合适的部位成矿。因此，认为辉绿岩铀含量低的原因，是由于流体析出、携带走大量铀而造成本身亏损所致。提供铀并导致本身亏损，是铀源体应该具备的固有特征。

表 8-9　不同地质体铀、钍含量对比

火成岩	$U/10^{-6}$		$Th/10^{-6}$		Th/U		样品数/个
	变化范围	均值	变化范围	均值	变化范围	均值	
超基性岩	7.55~53.5	23.65	9.10~11.3	9.59	0.17~1.50	0.84	3
辉绿岩	1.36~3.22	1.94	2.08~11.80	5.76	1.53~3.66	2.95	4
黄尖组	3.84~11.4	6.74	21.0~32.90	24.40	1.92~5.73	4.18	4
花岗斑岩	3.19~8.18	5.50	16.6~16.90	16.80	2.07~5.27	3.69	4

综上讨论，对大桥坞矿床的铀成矿物质来源及其铀成矿作用，提出以下观点：

1）早期成矿流体以 H_2O 为主要溶剂，晚期成矿流体以富 F、S 为特征；H_2O 主要来源于深循环的地表水或浅层裂隙水；F、S 来自富集地幔源区。

2）早、晚两期铀矿成矿流体中的溶质——铀具有同源性，铀源不是"就地取材"，均主要来自壳幔作用源区或更深部位，少量可能是流体在上升过程中萃取途经先期形成的酸性系列岩石，特别是花岗斑岩中的铀。

3）成矿流体具有弱酸性或酸性特征。其中早期成矿作用以扩散渗入形式成矿为特点，晚期则表现为沿裂隙或断裂充填成矿。导致铀沉淀富集主要是成矿流体的温度、或压力、或 pH 值等因素发生变化所致。

4）铀矿与中生代酸性系列岩浆岩的关系不是"供给"关系，而是壳幔作用机制下不同阶段系列产物在空间上的叠置与耦合。来自软流圈富集地幔或更深部位的高温"轻物质流"持续上涌及由此诱发的壳幔作用，对新路盆地中生代酸性系列岩浆活动及其铀成矿作用起着主要的控制作用，既是动力源，也是成矿流体的主要发源地。

第九章　主要结论

通过对新路盆地中生代岩浆岩系列年代学、岩石学、元素地球化学和 Sr – Nd – Pb 同位素地球化学动态演化特征，以及大桥坞矿床铀成矿地质地球化学特征与成矿物质来源等研究工作，本课题获得如下结论和认识：

1）对新路盆地花岗斑岩和辉绿岩分别开展了锆石 U – Pb 法和 Ar – Ar 法定年工作。结果表明，花岗斑岩成岩年龄为 125 ± 2 Ma，辉绿岩侵入年龄为 93 ± 3 Ma。在综合前人取得的数据基础上，将新路盆地劳村组、黄尖组和寿昌组时代归属修正为早白垩世（135 ~ 117 Ma），认为新路盆地从超酸性火山喷发开始，直至辉绿岩侵入为止，期间经历约 40 Ma 左右的岩浆活动过程，为一多旋回、多期次的岩浆、热流体作用区。

2）首次发现并厘定新路盆地辉绿岩为钾玄岩，认为它是板内拉张构造环境下岩石圈地幔上侵的产物。该发现对深入研究浙西南地区乃至整个华东南地区区域构造演化、地壳演变将具有重要意义。研究同时表明，自中生代白垩纪以来，包括新路盆地在内的衢州地区存在深部地幔物质上侵，地壳厚度存在明显减薄，岩石圈地幔埋藏位置随时间逐步抬高。

3）依据酸性系列岩浆岩 ε_{Nd} 值域位于华夏地块陈蔡群 Nd 同位素演化域内，以及酸性系列岩浆岩模式年龄 $T_{2DM} = 1242 ~ 1432$ Ma 等地质地球化学证据，认为位于扬子地块的新路盆地中生代酸性系列岩浆岩源岩物质与来自华夏地块在浙西北地区发育的陈蔡群片麻岩密切相关；揭示了发生于 1000 ~ 900 Ma 时期或其后的扬子地块和华夏地块两大块体之间的陆陆碰撞，具有华夏地块向扬子地块下部俯冲的动力学特点；在碰撞拼贴之后，扬子地块在新路地区的下地壳已被华夏地块的变质基底陈蔡群替换。

4）基本查明了新路盆地酸性系列岩浆岩成因。提出酸性系列岩浆岩成因类型既不是I 型，也不宜称之为 S 型或 A 型，而将其归属于钾玄质岩石系列较为恰当；新路盆地主要由一套高钾钙碱性（钾玄质） – 钾玄岩系列岩石组成，是壳幔作用机制下的来自幔源"轻物质流"与壳源物质持续相互作用下的系列产物，具有壳源物质与岩石圈地幔组分的混合特征，岩浆演化过程受到平衡部分熔融和壳幔源区混合作用共同制约。

5）深入探讨了衢州及新路地区中生代地幔组成、性质和演化特征。衢州及新路地区中生代地幔具有"双层"结构，上部岩石圈地幔以钾玄岩组成为特征，下部为由钠质橄榄玄武岩系列组成的软流圈地幔；岩石圈地幔和软流圈地幔均具富集型地幔性质；中生代 – 新生代期间岩石圈地幔物质组成发生了重大转变，至中新世岩石圈地幔已被具有富集地幔性质的软流圈物质替代，从而为新路地区中生代壳幔演化及其岩浆作用深部动力学机制提供了重要证据。

6）基本确证来自地幔的高温"轻物质流"的持续上涌，是新路盆地中生代壳幔作用及其系列岩浆岩形成与演化的物质基础和动力源。高温"轻物质流"组成以富含轻稀土元素、大离子亲石元素（K、Sr、Ba 等）为特点，贫高场强元素和过渡元素。同时认为富集地幔形成以及高温"轻物质流"上涌的动力学机制，与起源于软流圈底部或更深部位的地幔柱热点构造活动相关，难以用太平洋板块俯冲作用导致地幔楔熔融观点来解释。

7）初步认为早期成矿作用以扩散渗入形式为特点，晚期则表现为沿裂隙或断裂充填成矿。其中，早期成矿流体以 H_2O 为主要溶剂，晚期则以富 F、S 为特征；H_2O 可能主要与深循环的地表水或浅层裂隙水有关；F、S 来自富集地幔源区；成矿流体中的铀主要来自壳幔作用源区或富集地幔源区，少量可能来自流体在上升过程萃取途经的酸性系列岩石，特别是花岗斑岩中的铀。

8）提出铀矿与中生代酸性系列岩浆岩的关系不是"供给"关系，而是壳幔作用机制下不同阶段系列产物在空间上的叠置与耦合。来自软流圈富集地幔或更深部位的高温"轻物质流"持续上涌及由此诱发的壳幔作用，对新路盆地中生代酸性系列岩浆活动及其铀成矿作用起着重要的控制作用，既是动力源，也是成矿流体的主要发源地。

参 考 文 献

核工业北京地质研究所. 1977a. 南方几个火山岩型铀矿床包体研究. 地质报告.

核工业北京地质研究所. 1977b. 浙江金华、衢县一带中生代酸性火山岩同位素地质年代研究. 地质报告.

核工业北京地质研究所. 1978. 绍兴-江山构造带及其两侧火山岩型铀矿床成矿规律及预测. 地质报告.

华东地勘局二七〇所. 1988. 赣杭构造火山岩带成矿规律及成矿预测研究报告. 10~26, 内部报告.

华东地质勘探局二六九队. 1990. 浙江省衢县大桥坞矿点控矿因素及富矿条件研究. 内部报告.

华东地质地勘局二六九大队. 1991. 浙江省衢县大桥坞铀矿初勘点地质报告. 内部报告.

华东地质勘探局二六九队. 1993a. 浙江省衢县670地区火山构造及其与铀矿化的关系, 内部报告.

华东地质勘探局二六九队. 1993b. 浙江省衢县双桥断裂带基本特征及其与铀矿关系研究. 内部报告.

中国核工业地质局. 2004. 华东铀矿地质志. 内部资料.

曹荣龙, 朱寿华. 1995. 地幔流体与成矿作用. 地球科学进展, 10: 323~329.

曹荣龙. 1996. 地幔流体的前缘研究. 地学前缘, (3): 161~171.

陈爱群. 1997. 浙江大桥坞斑岩体"双层结构"与铀矿化. 华东地质学院学报, 20(4): 319~325.

陈安福. 1980. 根据矿物气液包体研究资料讨论我国热液铀矿床形成的物理化学条件. 核工业北京地质研究院科技成果报告.

陈俊, 王鹤年. 2004. 地球化学. 北京: 科学出版社, 50~63.

陈毓川, 毛景文. 1996. 四川大水沟碲(金)矿床地质和地球化学. 北京: 原子能出版社, 1~12.

陈跃辉, 陈肇博, 陈祖伊, 等. 1998. 华东南中新生代伸展构造与铀成矿作用. 北京: 原子能出版社. 5~22.

陈跃辉, 陈祖伊, 蔡煜琦, 等. 1997. 华东南中新生代伸展时空演化与铀矿化时空分布. 铀矿地质, 13(3): 129~138.

陈岳龙, 杨忠芳, 赵志丹. 2005. 同位素地质年代学与地球化学. 北京: 地质出版社, 262~271, 320~356.

陈肇博, 谢佑新, 万国良等, 1982. 华东南中生代火山岩中的铀矿床. 地质学报, 3: 235~242.

程裕祺. 1994. 中国区域地质概论. 北京: 地质出版社, 379~384.

邓晋福, 罗照华, 苏尚国, 等. 2004. 岩石成因、构造环境与成矿作用. 北京: 地质出版社, 11~20.

邓晋福, 莫宣学, 赵海玲, 等. 1994. 中国东部岩石圈根/去根作用与大陆活化. 现代地质, 8(3): 349~356.

邓晋福, 赵海玲. 1992. 中国北方大陆下的地幔柱与岩石圈运动. 现代地质, 6(3): 267~274.

邓平, 沈渭洲, 凌洪飞, 等. 2003. 地幔流体与铀成矿作用: 以下庄矿田仙石铀矿床为例. 地球化学, 32(6): 520~528.

杜乐天. 1988. 幔汁-(HACONS)流体. 大地构造与成矿学, 12(1): 87~94.

杜乐天. 1989. 幔汁(HACONS)流体的重大意义. 大地构造与成矿学, 13(1): 97~99.

杜乐天. 1996a. 地幔流体与软流层(体)地球化学. 北京: 地质出版社.

杜乐天. 1996b. 烃碱流体地球化学原理——重论热液作用和岩浆作用. 北京: 科学出版社, 165~230.

杜乐天. 2001. 中国热液铀矿基本成矿规律和一般热液成矿学. 北京: 原子能出版社, 57~110, 151~237.

范洪海, 凌洪飞, 王德滋, 等. 2001. 江西相山铀矿田成矿物质来源的Nd、Sr、Pb同位素证据. 高校地质学报, 7(2): 139~144.

范洪海, 凌洪飞, 王德滋, 等. 2003. 相山铀矿田成矿机理研究. 铀矿地质, 19(4): 208~213.

侯增谦, 卢记仁, 李红阳, 等. 1996. 中国西南特提斯构造演化——幔柱构造控制. 地球学报, 17(4): 439~543.

胡瑞忠, 毕献武, 苏文超. 2004. 华南白垩—第三纪地壳拉张与成矿关系. 地学前缘, 11(1): 153~159.

胡瑞忠, 金景福. 1990. 上升热液浸取成矿过程中铀的迁移沉淀机制探讨——以希望铀矿床为例. 地质论评, 36(4): 317~325.

胡瑞忠, 李朝阳, 倪师军, 等. 1993. 华南花岗岩型铀矿床成矿热液中CO_2来源研究. 中国科学B辑, 23(2): 189~196.

华仁民, 毛景文. 1999. 试论中国东部中生代成矿大爆发. 矿床地质, 18(4): 300~308.

H R Rollison. 杨学明, 杨晓勇, 陈双喜译. 2000. 岩石地球化学. 中国科学技术大学出版社, 40~206.

黄净白, 黄世杰, 张金带, 等. 2005. 中国铀成矿带概论. 中国核工业地质局, 65~110, 内部资料.

黄世杰. 2006. 略谈深源铀成矿与深部找矿问题. 铀矿地质, 22(2): 70~75.

姜耀辉, 蒋少涌, 凌洪飞. 2004. 地幔流体与成矿作用. 地学前缘, 11(2): 491~496.

黎盛斯. 1996. 湘中锑矿深源流体的地幔柱成矿演化. 湖南地质, 15(3): 137~142.

李献华, 周汉文, 刘颖, 等. 2001. 粤西阳春中生代钾玄质侵入岩及其构造意义: Ⅱ. 微量元素和 Sr-Nd 同位素. 地球化学, 14(1): 57~65.

李毅, 吴泰然, 罗红玲, 等. 2006. 内蒙古四子王旗早白垩世钾玄岩的地球化学特征及其形成构造环境. 岩石学报, 22(11): 2791~2798.

李兆鼐, 权恒, 李之彤, 等. 2003. 中国东部中、新生代火成岩及其深部过程. 北京: 地质出版社, 220~286.

李子颖. 2005. 华南热点铀成矿作用. 中国核学会铀矿地质分会学术交流会论文集, 1~6.

李子颖. 2006. 华南热点铀成矿作用. 铀矿地质, 22(2): 65~69.

李子颖, 李秀珍, 林锦荣, 等. 1999. 试论华南中新生代地幔柱构造、铀成矿作用及找矿方向. 铀矿地质, 15(1): 9~17.

李子颖, 黄志章, 李秀珍, 等. 1998. 华南铀矿成矿区域特征标志. 世界核地质科学, 21(1): 1~4.

凌洪飞, 章邦桐, 沈渭洲, 等. 1993. 江南古岛弧浙赣段基底地壳演化. 大地构造与成矿学, 17(2): 147~152.

刘丛强, 黄智龙, 许成, 等. 2004. 地幔流体及其成矿作用——以四川冕宁稀土矿床为例. 北京: 地质出版社. 65~80.

刘方杰, 方维萱. 2000. 秦岭造山带热水沉积建造特征及意义. 有色金属矿产与勘查, (6): 343~347.

刘英俊, 曹励明, 李兆麟, 等. 1986. 元素地球化学. 北京: 科学出版社, 295~310.

路凤香, 郑建平, 李伍平, 等. 2000. 中国东部显生宙地幔演化的主要样式. 地学前缘, 7(1): 97~107.

毛景文. 2000. 魏家秀大水沟碲矿床流体包裹体的 He、Ar 同位素组成及其示踪成矿流体的来源. 地球学报, 21(1): 58~60.

毛景文, 李延和, 李红艳, 等. 1997. 湖南万古金矿床深部流体成因的氦同位素证据, 地质论评, 43(6): 646~649.

毛景文, 李红艳, 王登红, 等. 1998. 华南地区多金属矿床分布与地幔柱关系. 矿物岩石地球化学通报, 17(2): 130~132.

毛建仁, 陶奎元, 刑光福, 等. 1999. 中国东南大陆边缘中新生代地幔柱活动的岩石学记录. 地球学报, 20(3): 253~257.

毛景文, 李晓峰, 张荣华, 等. 2004. 深部流体成矿系统[M]. 北京: 中国大地出版社, 1~45, 199~218.

毛孟才. 2003 浙江火山岩型铀成矿特征及找矿前景. 地质找矿论丛, 19(1): 8~11.

毛孟才. 2006. 浙江衢州铀资源基地勘查工作重点、找矿方向和目标任务. 铀矿地质, 22(6). 351~355.

牛树银. 1993. 幔枝构造及其成矿规律. 北京: 地质出版社.

牛树银, 侯增谦, 孙爱群. 2001. 核幔成矿物质(流体)的反重力迁移——地幔热柱多级演化成矿作用. 地学前缘, 8(3): 95~101.

牛树银, 李红阳, 孙爱群, 等. 2002. 幔枝构造理论与找矿实践. 北京: 地震出版社, 46~85.

牛树银, 孙爱群, 李红阳, 等. 1996. 河淮地幔亚热柱德演化及其对华北地区成矿的控制作用. 地球学报, 17(4): 413~423.

沈渭洲, 凌洪飞, 王德滋. 1999. 浙江省中生代火成岩的 Nd-Sr 同位素研究. 地质科学, 34(2): 223~232.

宋晓东. 1998. 地球内核与地球深部动力学. 地学前缘, 5(8): 1~9.

孙丰月, 石准立. 1995. 试论幔源 C-H-O 流体与大陆地壳内某些地质作用. 地学前缘, 2(1): 401~412.

孙贤术. 1993. 广州"海峡两岸中国东海岩石圈演化: 同位素地球化学学术研讨会"总结. 地质(台湾刊物), 87~95.

孙占学. 2004. 相山铀矿田铀源的地球化学证据. 矿物学报, 24(1): 19~24.

孙占学, 李学礼, 史维俊, 等. 2001. 华东南相山铀矿田的氢氧同位素地球化学研究. 地质与勘探, (3): 20~23.

汤其韬. 2000. 浙江铀矿床主要地质特征及其成矿模式. 铀矿地质, 16(2): 91~98.

陶奎元, 毛建仁, 刑光福, 等. 1999. 中国东部燕山期火山-岩浆大爆发. 矿床地质, 18(4): 316~322.

万天丰. 2004. 中国大地构造学纲要. 北京: 地质出版社, 135~162.

王登红. 1998. 地幔柱及其成矿作用. 北京: 地震出版社.

王登红. 2001. 地幔柱概念、分类、演化与大规模成矿——对中国西南部的探讨. 地学前缘, 8(3): 67~72.

王登红, 林文蔚, 杨建民. 1999. 试论地幔柱对于我国两大金矿集中区的控制意义. 地球学报, 20(2): 157~162.

王正其. 2006. 粤北中洞地区铀成矿地质地球化学特征及工作建议. 铀矿地质论坛论文集(厦门).

王正其, 李子颖, 张国玉, 等. 2007. 下庄中洞地区白垩纪基性脉岩地球化学特征及其源区性质. 铀矿地质, 23(4): 218~225.

王正其, 李子颖. 2007. 幔源铀成矿作用探讨. 地质论评, 53(5)：608~614.

王正其, 李子颖, 吴烈勤, 等. 2010. 幔源铀成矿作用的地球化学证据：以下庄小水"交点型"矿床为例. 铀矿地质. 26(1)：24~34.

王正其, 李子颖. 2011. 壳幔作用过程对火山岩型铀成矿制约的 Sr-Nd 同位素证据. 矿物学报(增刊), 301~302.

王正其, 李子颖, 汤江伟, 等. 2012. 浙西北地区大桥坞铀矿床硫同位素特征研究. 铀矿地质, 28(2)：301~302.

王正其, 李子颖, 汤江伟. 2013a. 浙西新路盆地火山岩型铀成矿的深部动力学机制. 地质学报, 87(5)：703~714.

王正其, 李子颖, 范洪海, 等. 2013b. 浙西新路盆地晚白垩世钾玄岩的厘定及其地质意义. 地球学报, 32(2)：139~153.

夏斌, 林清茶, 张玉泉. 2006. 青藏高原东部新生代钾质碱性系列岩石地球化学特征：岩石成因及其地质意义. 地质学报, 80(8)：1189~1195.

谢窦克, 马荣升, 张禹慎, 等. 1996. 华南大陆地壳生长过程与地幔柱构造. 北京：地质出版社, 1~257.

谢桂青, 胡瑞忠, 赵军红, 等. 2001. 中国东南部地幔柱及其中生代大规模成矿关系初探. 大地构造与成矿学, 25(2)：179~186.

刑光福. 1997. Dupal 同位素异常的概念、成因及其地质意义. 火山地质与矿产, 18(4)：281~290.

杨建明. 2000. 浙赣火山岩铀矿床同位素地球化学特征. 湖南地质, 19(4)：241~245.

杨建明, 王前裕. 1999. 浙赣若干火山岩铀矿床成矿物理化学条件及与浸出采铀的关系. 铀矿地质, 18(3).

杨建明, 熊韶峰. 2003. 浙赣若干火山岩型铀矿床成矿模式及找矿勘探方向. 铀矿地质, 19(5)：283~289.

杨学祥. 1996. 幔柱构造与地核热库. 地壳形变与地震, 16(1)：27~36.

杨学祥, 张中信, 陈殿友, 等. 1996. 地核能的积累与释放. 地壳形变与地震, 16(4)：85~92.

余达淦. 2001a. 华南中生代花岗岩型、火山岩型、外接触带型铀矿找矿思路(I). 铀矿地质, 17(5)：257~265.

余达淦. 2001b. 华南中生代花岗岩型、火山岩型、外接触带型铀矿找矿思路(II). 铀矿地质, 17(6)：321~327.

翟裕生. 2004. 地球系统科学与成矿学研究. 地学前缘, 11(1)：1~10.

张双涛, 吴泰然, 许绚, 等. 2005. 内蒙古中部照白垩世钾玄岩的发现及其意义. 北京大学学报, 41(2)：212~217.

章邦桐, 陈陪荣, 等. 1995. 华南东部火山岩型铀矿床成矿条件及基底地质特征研究. 内部研究报告.

章邦桐, 张祖还, 沈渭洲, 等. 1993. 华南东部陆壳演化与铀成矿作用. 北京：原子能出版社, 16~34, 117~134.

赵军红, 胡瑞忠, 蒋国豪, 等. 2001. 初论地幔热柱与铀成矿的关系. 大地构造与成矿学, 25(2)：171~178.

郑永飞, 付斌, 张学华. 1996. 岩浆去气作用的碳硫同位素效应. 地质科学, 31(1)：44~53.

周家志. 2000. 浙西中生代岩浆岩特征及其与铀矿的关系. 铀矿地质, 16(3)：143~149.

周琪瑶, 宋晓东. 1998. 地幔动力系统与演化最新进展评述. 地学前缘(增刊), 5：11~39.

周文斌. 1995. 华东南中生代典型铀成矿水热系统与成矿作用研究[博士论文]. 南京：南京大学, 142.

周新民, 李武显. 2000. 中国东南部晚中生代火成岩成因：岩石圈消减和玄武岩底侵相结合的模式. 自然科学进展, 10(3)：240~246.

Aliouka Chabiron, et al. Geochemistry of the rhyolitic magmas from the Streltsovka caldera(Transbaikalia, Russia)：a melt inclusion study. Chemical Geology, 2001, 175：273~290.

Aliouka Chabiron, et al. Possible uranium sources for the largest uranium district associated with volcanism：the Streltsovka caldera(Transbaikalia, Russia). Mineralium Deposita, 2003, 38：127~140.

Anderson D L. 1975. Chemical plume in the mantle. Geol. Soc. Am, 86：1593~1600.

Anderson D L. 1982. Hotspots, polar wander, Mesozoic convection and the geoid. Nature, 297：391~393.

Battistini G Di, Montanini A, Vernia L, et al. 2001. Petrology of Melilite—Bearing Rocks from the Montefiascone Volcanic Complex Roman Magmatic Province：New Insights into the Ultrapotassic Volcanism of Central Italy. Lithos, 59：1~24.

Burke K C, Wilson J T. 1976. Hotspots on the Earth's surface. J. Geophys. Res., 93：7690~7708.

Chase C G. 1981. Oceanic island Pb：Two-stage histories and mantle evolution. Earth Planet, SCI, Lett. 52：277~284.

Class C, Goldstein S L, Galer S J G, et al. 1993. Young formation age of a mantle plume source. Nature, 362：715~721.

Davies G F. 2005. 地幔柱存在的依据. 科学通报, 50(17)：1801~1813.

Dahlkamp Franz J. 1993. Uranium Ore Deposits. Springer-Verlag Heidelberg, 118~122.

Deffeys K S. 1972. Plume convection with a upper mantle temperature inversion. Nature, 240：539~544.

Faure G. 2001. Origin of Igneous Rocks: The Isotopic Evidence. Springe, Berlin, 494.

Gast P W, Tilton G R, Hedge C. 1964. Isotopic composition of lead and strontium from Ascendion and Gough Islands, Science, 145: 1181 ~ 1185.

Gilder S A, Gill J, Coe R S, et al. 1996. Isotopic and paleomagnetic constraints on the Mesozoic tectonic evolution of south China. Journal of Geophysical, 101: 16137 ~ 16154.

Groves D I. 1993. The continuum model for late-Archean lode-gold deposits of the Yilgarn Block, Western Australia. Mineralium Deposita, 28: 366 ~ 374.

Hart S R. 1988. Heterogeneous mantle domains: signatures, genesis and mixing chronologies. Earth Planet. Sci. Lett. , 90: 273 ~ 296.

Hauri E H, Shimisu N, Dieu J J, et al. 1993. Evidence for hotspot-related carbonatite metasomatism in the oceanic upper mantle. Nature. 365: 221 ~ 227.

Hofmann A W, White W M. 1982. Mantle plumes from ancient oceanic crust. Earth and Planetary Science Letters, 57: 421 ~ 436.

IAEA. 2001. Assessment of uranium deposit types and resources—a worldwide perspective. ISSN 1011—4289, 93 ~ 101, 171 ~ 185.

Jiang Yaohui, Jiang Shaoyong, Ling Hongfei, et al. 2002a. Petrology and geochemistry of shoshonitic plutons from the Western Kunlun orogenic belt, China: implications for granitoid geneses. Lithos. 63: 165 ~ 187.

Jiang Yaohui, Ling Hongfei, Jiang Shaoyong, et al. 2002b. Enrichment of mantle – derived fluids in the formation process of granitoids: evidence from the Himalayan granitoids around Kunjirap in the Western Qinghai – Tibet Plateau. Acta Geologica Sinica, 76: 343 ~ 350.

Larson R L. 1991. Geological consequences of super-plumes. Geology, 19(10): 963 ~ 966.

Ledair A D. 1993. Crustal-scale auriferous shear zones in the Central Superior Province, Canada. Geology, 21: 1298 ~ 1307.

Loper D E. 1991. Mantle plumes. Tectonophysics, 373 ~ 384.

Maruyama S. 1994. Plume tectonics. J. Geol. Soc. , 100(1): 24 ~ 49.

Michard A, Albarede F. 1985. Hydrothermal uranium uptake at ridge crests. Nature, 317: 244 ~ 246.

Mitchell A H G, Garson M S. 1981. Mineral deposits and globe tectonic setting. London: Academic Press Geology Series, 98 ~ 112.

Morgan W J. 1972. Plate motions and deep mantle convection. Mem Geol Soc Am. , 132: 7 ~ 22.

Morrison G W. 1980. Characteristics and Tectonic Setting of Shoshonite Rock Association. Lithos, 13 (1) : 97 ~ 108.

Opligger G L, Murphy J B, Brimhall G H. 1997. Is the ancestral Yellowstone hotspot responsible for the Tertiary "Carlin" mineralization in the Great Basin of Nevada. Geology, 25: 627 ~ 630.

Pirajno F. 2000. Ore deposit and mantle plumes. Netherlands: Kluwer Academic Publishers, 556.

Rosenbaum J M, Zindler A, Rubenstone J L. 1996. Mantle Fluids: Evidence from fluid inclusions. Geochimica et Cosmochimica Acta, 60: 3229 ~ 3252.

Tatsumoto M, Nakamura Y. 1991. Dupal anomaly in the sea of Japan: Nd and Sr isotopic variations at the eastern Eurasian continental margin, Geochim. et Cosmochim. Acta, 55: 3697 ~ 3708.

Weaver B L. 1991. The origin of ocean island basalt end-member compositions: trace element and isotopic constraints. Earth Planet, 104: 381 ~ 397.

Wilson J T. 1963. A possible origin of the Hawaiian Islands. Can. J. Phys, 41: 863 ~ 870.

Wilson J T. 1973. Mantle plumes and plate motions. Tectonophysics, 19: 149 ~ 164.

Zindler A, Hart S R. Chemical geodynamics, Ann. Rev. Earth Planet Sci, 14: 493 ~ 571.

Abstract

Over the years, There has been a widely controversy at uranium sources and origins of ore-forming fluid for volcanic-type uranium ore-deposits. Uranium geologists is usually based on theory of crust-derived uranium mineralization, Stressing the role of crustal hydrothermal associated with volcanic-type uranium mineralization, uranium come from crust-derived rocks rather than the mantle. Many geological facts and geochemical data discovered in recent studies show that uranium ore-deposits are closely related with the participation of mantle-derived materials, which previously considered to be formed by shallow crust hydrothermalism. The resulting theory of deep-source uranium metallogenesis is a new research field of uranium ore-deposits, and which has become well-focused frontier academic topics.

Xinlu basin located in southern margin of the Yangtze block of the north side of the middle Jiangshan-Shaoxing deep-fault is a volcanic faulted-basin developed in Yanshan epoch, is also an important integral part of GanHang volcanic-type uranium metallogenic belt. This paper choice Xinlu basin and Daqiaowu uranium ore-deposit as research object, topics of Mesozoic magmatism, deep processes and uranium metallogenesis, aim at series of acidic igneous rocks (including Vocanic rock of Huangjian formation, Yangmeiwan Granite, granite-porphyry)、diabase and uranium ore in the basin, a detailed study such as petrography, isotopic dating, compositions of major elements、trace elements and Sr, Nd, Pb, S isotope, and the dynamic geochemical trends of magmatic processes has been carried out. The purpose of which with theory of hotspots (deep-source) uranium metallogenesis as a guidance, is to take a fresh insight on volcanic-type uranium mineralization in Xinlu Basin, probing into the provenance of lithospheric mantle、processes of crust-mantle interaction, and its constrains on magmatism, ore-forming fluids and uranium metallogenesis, attempting to offer new thoughts to evaluation uranium resources and deep uranium exploration. The following new views and progresses were concluded by this paper.

There are some different viewpoints on age of volcanic rocks in Xinlu Basin. U-Pb dating to zircon from granite-porphyry and Ar-Ar dating to diabase were carried out by the paper, The dating results indicate granite-porphyry were formed in Early Cretaceous with an age of 125 ± 2 Ma and diabase were formed in Late Cretaceous with an age of 93 ± 3 Ma. Combining with an integrated analysis of predecessors data, the paper amended stratigraphic era of Laocun Formation, Huangjian Formation and Shouchang Formation in Xinlu basin to Early Cretaceous (135 ~ 117 Ma) from Late Jurassic, considered that the processes of magmatic activity experienced about 40 million years started from ultra-acidic volcanic eruption until diabase intrusion, in which a set of high-K calc-alkaline (shoshonitic) -shoshonite series rocks were formed.

The Diabase in Xinlu basin are characterized by shoshonite were first time identified by this paper, and it is the product of lithospheric mantle invade under intraplate tectonic environment. It also proposed that Mesozoic mantle of Quzhou area including Xinlu basin has a "two-layer" structure both with the nature of enriched mantle, the upper lithospheric mantle was composed of shoshonite, and the lower part asthenospheric mantle was characterized by sodic olivine basalt series. The study results show that composition of lithospheric mantle in research district has a significant transformation within the Mesozoic-Cenozoic period, which the lithospheric mantle composed of shoshonite has been replaced by asthenosphere materials to the Miocene. As a result, It was provided an important evidence for study on the Mesozoic crust-mantle evolution and deep Geodynamics of magmatism. It is considered that crust-mantle evolution in Xinlu area is characterized by Continuous upwelling of asthenospheric material, thinning crust thickness and raising the burial location of the ithospheric mantle since Mesozoic Cretaceous.

The origins of acid magmatic rocks series in Xinlu basin has been identified. It is confirmed that genetic types of the acid magmatic rocks series is neither I-type, nor known as S-type or A-type, however, to be thought it as shoshonitic rock series is more appropriate. The similar geological and geochemical characteristics including ε_{Nd} values and model ages (T_{2DM}) between acid magmatic rocks and Chencai group gneiss in northwest Zhejiang developed in the cathaysia block, indicated that source rock of the acid magmatic series is closely related to chencai group gneiss. thus revealed that the continental-continent collision between the Yangtze block and the cathaysia block occurred in 1000 ~ 900 Ma period or later, is characteristics of the cathaysia block subduction downward the Yangtze block. After amalgamation and collision, Lower crust in Xinlu area was replaced by chencai group which come from the cathaysia block. the acid magmatic rocks in Xinlu basin is a series of products of crust-mantle interaction in Mesozoic ear, and it is a mixture of components from the lithospheric mantle and molten chencai group. Magma evolution is controlled by equilibrium partial melting and mixing of the crust-mantle source.

The paper is basically confirmed that the process of Mesozoic crust-mantle interaction and origins of magmatic rocks in Xinlu basin was occurred during continuous upwelling of high-temperature "light material flow" which come from the mantle. The Development of enriched mantle and high-temperature "light material flow" originated at the bottom of the asthenosphere or related to the deeper mantle plume-related activity, and the "light material flow" was characterized with rich in LREE and large-ion lithophile elements (K, Sr, Ba, etc.), poor in high field strength elements and transition elements.

Based on study results from characteristics of uranium mineralization and tracing of mineralizing fluid in Daqiaowu uranium ore-deposit, The paper proposed that Early stage of uranium mineralization with an ore-forming age of 52.2 Ma is characterized by diffusion penetration mechanism, and the Late is of filling mineralization along fissure or fracture. The Early stage ore-forming fluids with H_2O as main solvent, however the Late fluids is enriched in F、S, In which the H_2O come from surface water of deep circulation or shallow fissure water, the F, S derived from enriched mantle, and the uranium involving in ore-forming fluid mainly from source of enriched mantle.

In finally, Through comprehensive analysis, the following new ideas were concluded by the paper: the genetic relationship between volcanic-type uranium mineralization and acidic magmatic series rocks in Xinlu basin is non "source-supply" relationship, but rather symbiotic and coupling relationship in space, They were products that formed in different stages under mechanism of Mesozoic crust-mantle interaction. Continuous upwelling of the high temperature "light material flow" that come from asthenosphere enriched mantle and inducing by crust-mantle interaction plays an important role in controlling Mesozoic series acidic magmatic activity and uranium mineralization in Xinlu basin, acting both as sources of power and ore-forming fluids.

图 版 及 说 明

图版1-1：辉绿玢岩。斑状结构，斑晶为辉石(Cpx+Opx集合体)，碳酸盐化显著。×10，正交。样品号：DQW-11

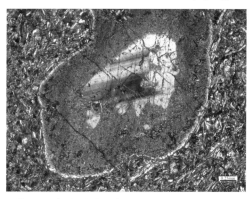

图版1-2：辉绿玢岩。斜长石滑石化，基质呈辉绿结构；×4，正交。样品号：DQW-11

图版1-3：辉绿玢岩。斜长石斑晶呈现环带状构造，×20，正交。样品号：DQW-11

图版1-4：辉绿玢岩。钾长石镶边(亮环)，×20，正交。样品号：DQW-11

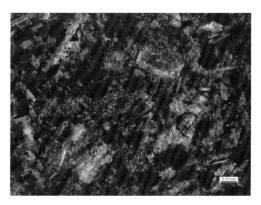

图版1-5：辉绿玢岩。斜长石周边的钾长石镶边(亮环)，×20，正交。样品号：DQW-11

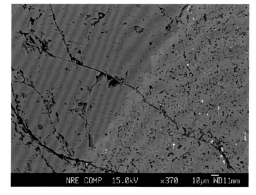

图版1-6：辉绿玢岩。斜长石周边的钾长石镶边，电子探针背散射图片，样品号：DQW-11

图版2-1：流纹质强熔结凝灰岩。晶屑、玻屑凝灰质结构，晶屑成分主要为石英(Q)和钾长石，偶见黑云母(Hi)，×4，正交，样品号：DQW-49

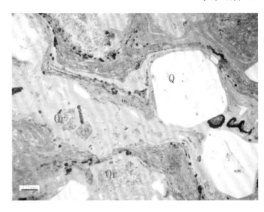

图版2-2：流纹质强熔结凝灰岩。双锥状石英(Q)和钾长石晶屑，熔结凝灰质结构，浆屑呈似流动构造，×4，单偏光，样品号：DQW-49

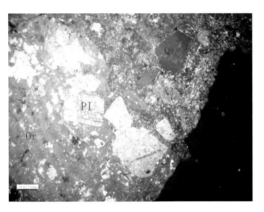

图版2-3：弱熔结凝灰岩。斜长石被包裹在钾长石晶屑中，钾长石碳酸盐化，×10，正交，样品号：DQW-10

图版2-4：流纹质弱熔结凝灰岩。不均匀分布的斜长石晶屑，此外有较多的石英、钾长石晶屑，×10，正交，样品号：DQW-45

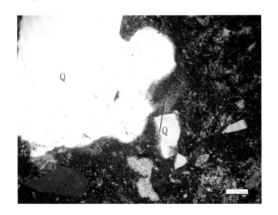

图版2-5：流纹质弱熔结凝灰岩。石英晶屑的港湾状溶蚀边，×10，正交，样品号：DQW-46

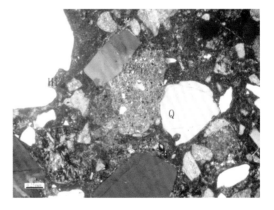

图版2-6：流纹质弱熔结凝灰岩。与主岩结构成分相似的岩屑(水云母化较强)，×4，正交，样品号：DQW-46

图版2-7：花岗斑岩。钾长石(Or)斑晶外围具有文象结构的反应边(环)，基质具文象结构。×4，正交，样品号：DQW-06

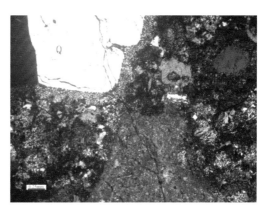

图版2-8：花岗斑岩。斑状结构，斑晶为钾长石(Or)和石英(Q)，基质表现出显微球粒状文象结构。×4，正交，样品号：DQW-06

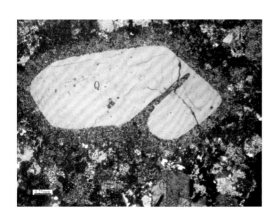

图版2-9：花岗斑岩。斑状结构，斑晶为钾长石和双锥石英(Q)，石英边缘有反应边，基质具显微文象结构。×4，正交，样品号：DQW-06

图版2-10：花岗斑岩。双锥石英(Q)的反应生长边，具显微文象结构，石英发育不规则裂纹。×4，正交，样品号：DQW-04

图版3-1：岩筒状超基性岩体侵入于K$_2$q
地层中，位置：衢州市虎头山

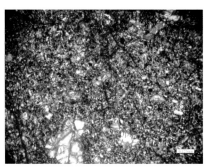

图版3-2：橄榄二辉辉石岩，斑状结构，斑晶为橄榄
石(Ol)和辉石(Cpx)，基质为微晶橄榄石、辉石和少
量长石组成。×10，正交，样品号：LY-01

图版3-3：橄榄二辉辉石岩，斑状结构，斑晶为橄榄
石(Ol)和辉石(Cpx＋Opx)，基质为橄榄石、辉石和
少量长石。×10，正交，样品号：LY-01

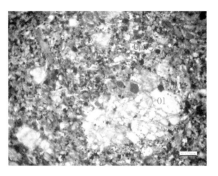

图版3-4：橄榄二辉辉石岩，斑状结构，集合体状橄
榄石(Ol)＋辉石(Cpx)，×10，正交，样品号：LY-01

图版3-5：橄榄二辉辉石岩，钛铁矿分布于矿物颗粒
间或辉石矿物颗粒内，背散射图片，样品号：LY-01

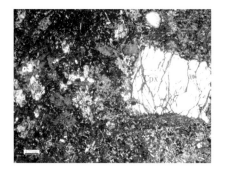

图版3-6：橄榄霞石云煌岩，斑状结构，斑晶为黑云母
(Hi)＋辉石(Cpx)＋霞石，×4，正交，样品号：LY-03

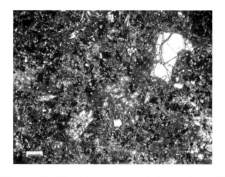

图版3-7：橄榄霞石云煌岩，斑晶为黑云母(Hi)、橄榄
石(Ol)、辉石(Cpx)、霞石，×4，正交，样品号：LY-03

图版4-1：产于黄尖组凝灰岩中的红化铀矿石

图版4-2：产于花岗斑岩中的红化铀矿石

图版4-3：红化铀矿体与围岩之间的渐变关系

图版4-4：晚期充填于早期矿石角砾之间

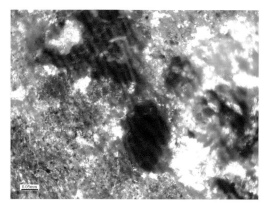

图版4-5：基质被"红化"，早期花岗斑岩中矿石，DQW-50，单偏光，20×

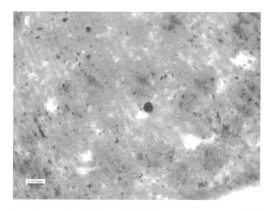

图版4-6：红化基质中的黄铁矿，DQW-50，单偏光，20×

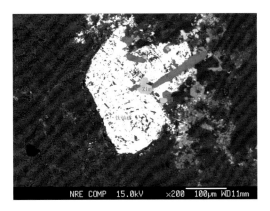

图版4-7：钛铀矿与锆石、磷灰石共生，样品号
DQW13

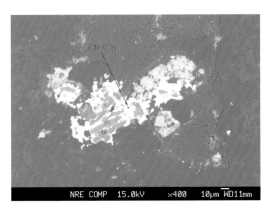

图版4-8：钛铀矿与磷灰石、黄铁矿共生于花岗斑
岩基质中，样品号：DQW-51

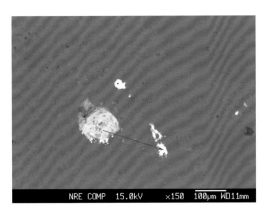

图版4-9：铀石分布于花岗斑岩基质或黄铁矿边缘，
样品号：DQW-13

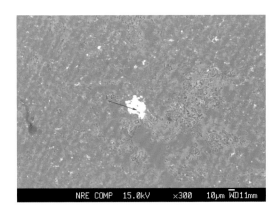

图版4-10：钛铀矿与铀石共生于花岗斑岩基质中，
样品号：DQW-50

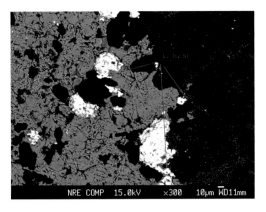

图版4-11：钛铀矿＋黄铁矿分布于花岗斑岩中铀-
萤石型矿脉壁或萤石颗粒间，样品号：DQW14

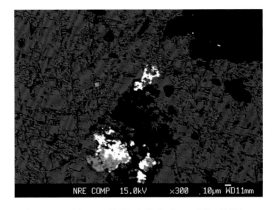

图版4-12：铀石、黄铁矿分布萤石矿物颗粒间，
样品号：DQW14